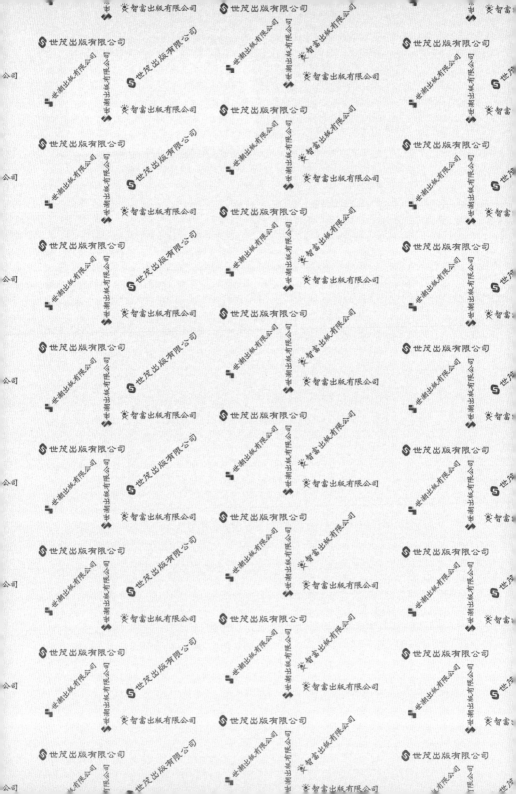

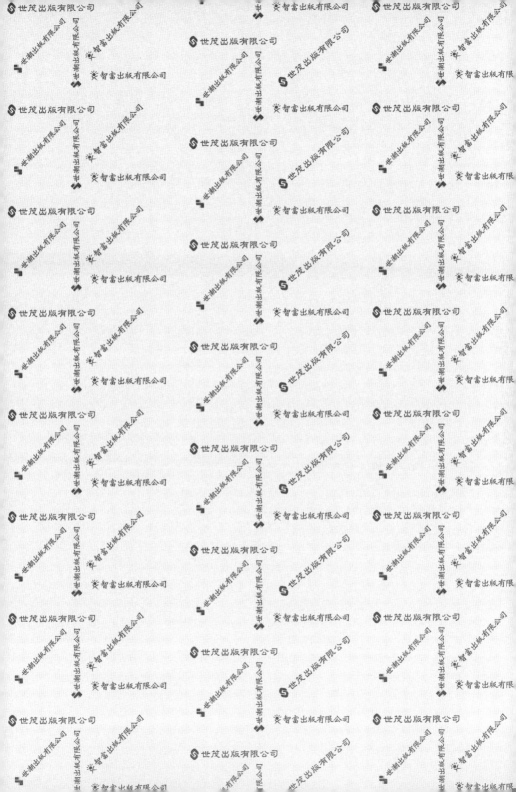

3小時讀通

基礎物理 波動篇

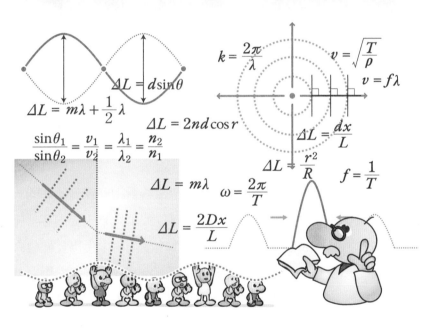

$$\Delta L = d\sin\theta$$

$$\Delta L = m\lambda + \frac{1}{2}\lambda$$

$$\Delta L = 2nd\cos r$$

$$k = \frac{2\pi}{\lambda}$$

$$v = \sqrt{\frac{T}{\rho}}$$

$$v = f\lambda$$

$$\frac{\sin\theta_1}{\sin\theta_2} = \frac{v_1}{v_2} = \frac{\lambda_1}{\lambda_2} = \frac{n_2}{n_1}$$

$$\Delta L = \frac{dx}{L}$$

$$\Delta L = m\lambda$$

$$\omega = \frac{2\pi}{T}$$

$$\Delta L = \frac{r^2}{R}$$

$$f = \frac{1}{T}$$

$$\Delta L = \frac{2Dx}{L}$$

桑子研　◎著

台灣大學物理學系教授　陳政維◎審訂

李漢庭◎譯

從「Physics」到「物理」！
現在正是重新面對物理的好時機。

有沒有人到現在還覺得「物理好難」？

　　我目前在教導國高中女生物理。女生有個傾向，只要一聽到物理就說「我應該不行吧」。但其實物理是非常「容易」、「單純」、「親切又有趣」的學問。只要老師的教學方式以及學生的學習態度能夠有所改變，就能輕易拿到高分。我就有許多學生原本很怕物理，但如今，物理卻全成了他們的拿手科目。

　　本書為了幫助「想改善對物理感到頭痛的人」「討厭物理的人」，而以波動做為主要內容。託各位讀者的福，廣受日本全國國高中生以及社會人士的好評。由於讀者反應，希望我能解說力學之外的部分，因此本書將會說明大考中心物理雙之一，「波動」。

　　波動的困難之處，在於波會高低起伏，動來動去。而波動與力學的不同之處，在於更加重視心中

※本書原名《桑子老師教你123學波動》，經重新改訂後改名為《3小時讀通基礎物理　波動篇》。

想像動態的過程。

　　因此本書收錄許多我實際上課時所使用的趣味插圖，以幫助讀者想像波動。

　　而且只要使用本書所介紹的祕密三步驟解題法，任何人都能輕鬆搞定大考中心的物理試題。

　　在此將本書獻給隨波逐流的學生，以及不敢下水的社會人士。

　　　　從「Physics」到「物理」…
　　　　如今，終於能夠重新面對物理了。

　　　　　　　　　　　2010年5月　桑子 研

contents

物理1·2·3
波動篇

任何人都懂！大學學測物理「波動」的三步驟解法

美術總監
近藤久博（近藤企劃）

設計
近藤企劃

插圖
neco（近藤企劃）

製作DTP
近藤企劃

咚

◇ 兩種討厭物理的人

　　討厭物理的人可以分為兩種。一種是想要照著目錄，依序理解所有章節的「迷惘型」，另一種是想靠毅力解決問題的「毅力型」。

　　這兩種人都非常努力，卻總是找不到答案。因為他們都「沒看著終點前進」。

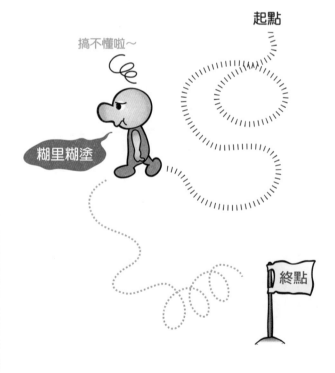

奮鬥！

終點

我已經很拼了說…

起點

◇ 隨處可見的波

聽到「波」這個字，各位會想到什麼？或許很多人會想到水的波浪。但其實除了水之外，日常生活中到處都有波動的身影。

比方說救護車從眼前經過，笛聲聽起來會時高時低的，感覺不太穩定；又或者肥皂水本身沒有顏色，但吹成肥皂泡之後，在空中卻是五彩繽紛，這些都是因為聲音和光具有「波動性質」之故。而且我們也在不知不覺中使用著各種波，比方說手機使用的波就是電磁波；放大鏡使用波動性質來聚光；通知地震的地震快報，則是使用縱波與橫波兩種波的特徵來掌握地震。

雖然波動隨處可見，但許多學生一碰到波，就抱頭鼠竄。想必也有高中生對波十分苦惱。波動的難以理解之處，就在於其高低起伏的形狀，以及不停活動的狀態，甚至還會出現正弦、餘弦等三角函數。

◇本書的特徵

本書將使用詳細的圖表，來說明這棘手的「波」。為了從零開始解釋，即使有用到三角函數，我也會從正弦、餘弦的解說開始。另外本書與《桑子老師教你123解物理》一樣，會將正確解答分為三步驟，讓讀者了解究竟我是以什麼思維來解題。無論是「迷惘型」或「毅力型」的人，只要看到終點，就能輕鬆解題。

本書結構內容如下。

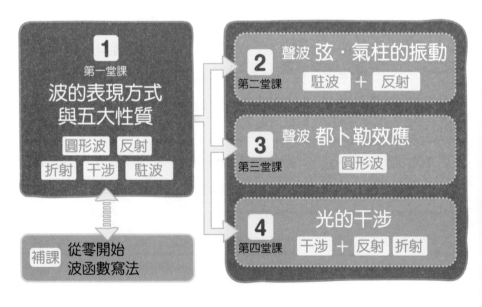

大學學測會考的波動考題，可以分為以下三類！

「弦・氣柱的振動」（第二堂課）

「都卜勒效應」（第三堂課）

「光的干涉」（第四堂課）

就只有這三種！而且這些問題並非毫無關聯，一切都如圖所示，從「波的五大性質」（第一堂課）出發。

第一堂課，我們要簡單學習如何表現波動，以及波有哪些性質；而第二到第四堂課，則分別深入探討以上三個領域；至於「補課」則是為了加強對波動的理解，學習如何使用正弦・餘弦來表示波。

好，開始上課囉！

第一堂課

波的表現方式
與五大性質

1
第一堂課

波的表現方式
與五大性質

圓形波　反射

折射　干涉　駐波

補課　從零開始
　　　波函數寫法

2
第二堂課

聲波　弦・氣柱的振動

駐波　＋　反射

3
第三堂課

聲波　都卜勒效應

圓形波

4
第四堂課

光波　光的干涉

干涉　＋　反射　折射

第一堂課，我們要學習「波的表現方式」和「波的性質」。如果要了解第二～第四堂課，千萬要先了解「波的五大性質」。

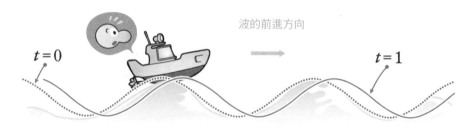

波形不僅有高低起伏，還不會待在原處，隨時都在活動。結果光看波形就眼花了，但事實上「波形動態」和「傳遞波的物質的動態」是兩回事！

「啊？這什麼意思？」

波是什麼？

就讓我們一邊看著實際的波動，一邊探討波的真面目吧！首先抓著床單的一邊，上下快速擺動看看。床單將會產生如圖所示的波，向右邊傳遞過去。

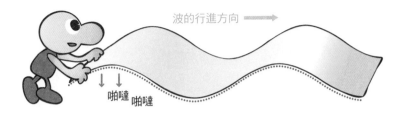

波的行進方向 ⟶

啪噠 啪噠

　　接著我們找一條線，夾上迴紋針，來看看迴紋針的動態。假設下圖的A為迴紋針，請試著將手上下晃動一次，製造出一個波來。

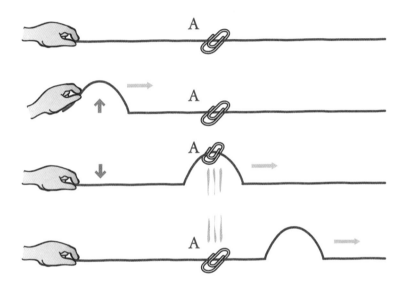

A

A

A

A

　　我們可以發現，線跟剛才的床單一樣產生了波動，而且波形會往右邊移動。此時請注意迴紋針的動態。迴紋針並沒有隨著波形一起往右邊移動，而是當波來臨時，在原地上下晃動而已。

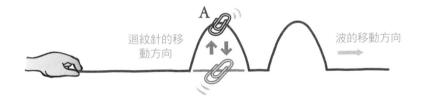

A

迴紋針的移動方向

波的移動方向

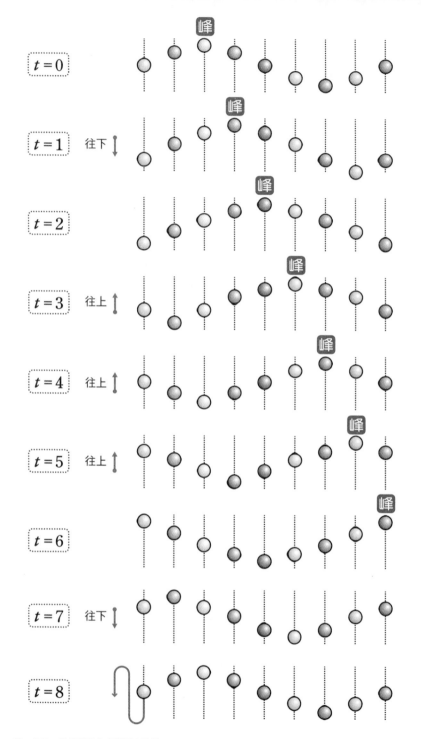

有了這樣的認知之後，請看左圖。圖中畫著五彩繽紛的各種圓球。請把每顆球都當成一支迴紋針。

從 $t=0$（時間 0）的位置往下看，可以發現「波形」往右側移動。比方說我們注意圖中寫著 峰 的最高點部分，就知道波確實是往右邊移動沒錯。

接著我們來看看每一顆球。比方說在最左邊的白球，從 $t=0$ 的位置往下看，我們可以發現它是先往下移動，然後往上，又往下，反覆地上下振動。白球隔壁的紅球雖然也是上下振動，但振動的動態比白球稍晚一些。每顆球各錯開一點時間，各自上下振動，看起來就像波形往右移動。

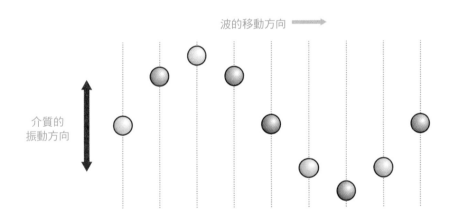

波的移動方向 →

介質的
振動方向

這就是波的真相。波並不是有一種叫作「波」的「物質」所產生的動作，而是透過物質依序振動，製造出名叫「波」的「現象」。波一定需要傳遞物質。這物質稱為「介質」。例如海波的介質就是水分子；而床單波浪的介質，就是織成床單的絲線。

波的兩種說明圖
（y-x 圖・y-t 圖）

明白波的真相了吧。接著我們再看看用來說明波的兩種圖。

讓我們看著下圖的波動，再次探討「波形動態」和「原點上的介質動態」。

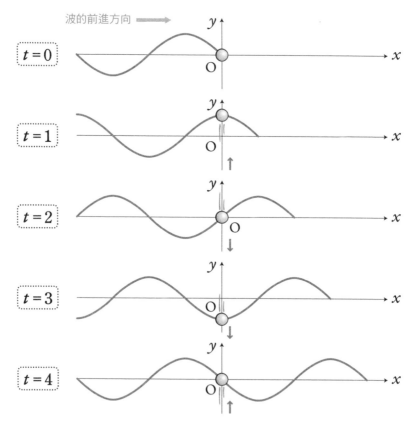

時間從 $t=0$ 前進到 $t=4$。原點上的介質在 $t=0$ 時，高度（y）為 0。當波通過原點，介質會上升，在 $t=1$ 時達到頂峰，然後下降。

在 $t=2$ 時，向下通過原點；在 $t=3$ 時，抵達谷底，再次上升；在 $t=4$ 時，介質又回到原點。

像這種表示 $t=0 \sim 4$，各種時間之波形的五張圖，就稱為 y-x 圖。這種 y-x 圖的缺點在於，若只有一張圖，便無法得知介質的運動狀態。假設只有一張 $t=0$ 的圖，就看不出白球的動態。因此，若要了解原點上的介質動態，就必須如下圖所示，從原點拉出時間軸，然後標出各個時間的介質高度。

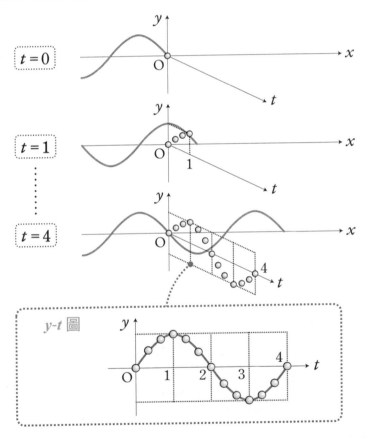

請看完成後的 y-t 圖。這張圖就表示出了原點上的介質動態。

波的標示符號

讓我們用 ① y-x 圖和 ② y-t 圖，來看看標示波時所需的符號。

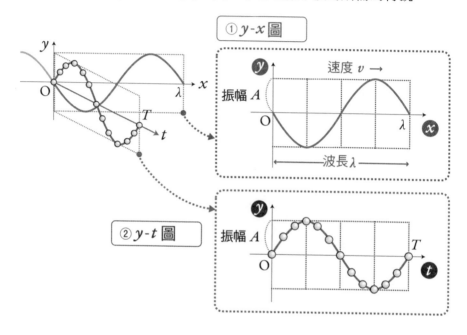

① y-x 圖

② y-t 圖

① y-x 圖

首先，y-x 圖表示「某個時刻的波形」。低於平均的部分稱為「波谷」，高於平均的部分稱為「波峰」。一組波峰與波谷的長度（一個波的長度）稱為 1 波長，以 λ[m]來表示。至於波峰與波谷距離平均值的高度，稱為振幅，符號為 A[m]，而波前進的速度符號則為 v[m／s]

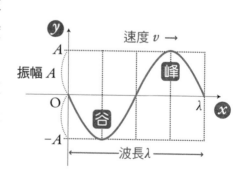

② y-t 圖

至於 y-t 圖則表示「某個位置上的介質運動」。

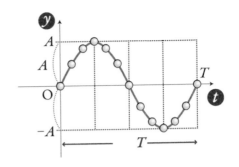

介質上下振動一次的時間，也等於一個波完全通過某個位置的時間，稱之為週期，符號是 T [s]。

何謂頻率

接著來介紹頻率 f。所謂頻率，就是介質在一秒內振動的次數，也可以說是一秒內有幾個波通過某處。頻率以 f 表示，單位為 Hz（赫茲）。

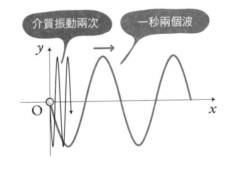

例如右圖所示，一秒內有兩個波通過原點，原點上的介質就會上下振動兩次。由於一秒震動兩次，此時的頻率 f 就是 2Hz。

接著來看頻率 f 與週期 T 的關係。所謂週期，就是一個波通過某處所需的時間。在上面的例子中，一秒會通過兩個波，可見一個波通過要花 0.5 秒。所以週期是 0.5s。

頻率為 2Hz，週期為 0.5s。因此頻率與週期之間可寫出以下的關係式。

公式

$$f = \frac{1}{T} \quad (\text{或是} \quad T = \frac{1}{f})$$

（振動數＝1÷周期）

以上面的例子來說，頻率 f 為 2Hz，所以週期 T 如下。

$$T = \frac{1}{f} = \frac{1}{2} = 0.5$$

確實是之前求出的 0.5 沒錯。

最重要的波公式

　　我們來看看波速 v 與其他
符號之間的關係。如同右圖所
示，一個頻率 3Hz 的波通過原
點時是這樣的。

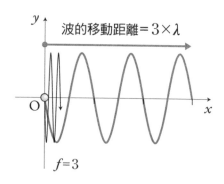

　　頻率 3Hz 代表一秒會通過三個波。當三個波通過之後，波的前頭
就移動了 3λ [m]。每秒移動的距離就稱為速度，所以這個波的速度是
3λ [m／s]。

　　當 f 表示一秒通過幾個波，而 λ 表示波的長度時，將兩者相乘就
可以求出波速。

公式	$$v = f\lambda$$ （速度＝頻率 × 波長）

這則公式，是波動領域中最重要的公式。

我們在這裡整理一下在波動領域中應該記住的符號與公式。如果碰到不懂的章節，請回到第 25 頁去確認這些細節。

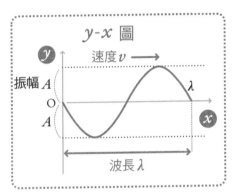

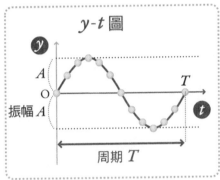

符號	意義	說明
λ [m]	波長	● 一個波（波峰＋波谷）的長度
A [m]	振幅	● 波的高度
v [m/s]	波速	● 波的速度　　　　　$v = f\lambda$　公式
T [s]	週期	● 一個波通過某個位置所需的時間 ● 介質振動一次的時間　$T = \dfrac{1}{f}$　公式
f [Hz]	頻率	● 介質每秒振動的次數 ● 每秒通過某個位置的波數　$f = \dfrac{1}{T}$　公式

兩種波

波可分為「橫波」與「縱波」兩種。剛才所說明的波都是「橫波」。橫波就像是球場觀眾的波浪舞。

觀眾席上的人們，配合左右的節奏時站時坐，上下搖擺身體，就會形成波浪。但每個觀眾（介質）卻都沒有隨著波形而移動。

橫波的狀態

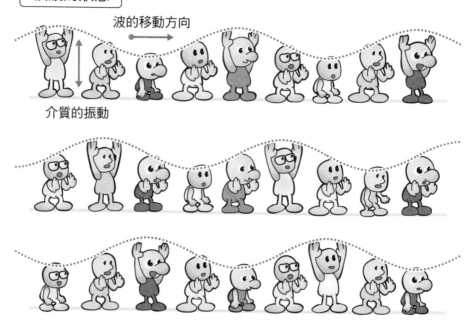

波的移動方向

介質的振動

接著就舉個類似「縱波」的例子吧。比方說運動會上有一整排的人，你就站在隊伍的最後面。這時候你想惡作劇一下，便用力推了前面的 A 同學一把。

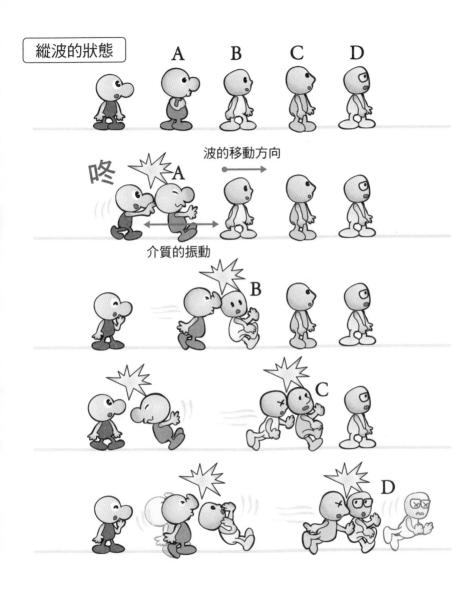

縱波的狀態　A　B　C　D

波的移動方向

咚

介質的振動

A 同學被推了一把後，失去平衡，又推了他前面的 B 同學，才得以恢復平衡；被推了一把的 B 同學也失去平衡，又推了他前面的 C 同學；被推的 C 同學又推了前面的 D 同學…於是「推」這個動作就一直傳遞下去。這時候的人（介質）產生左右振動，就稱為縱波。

接著我們要使用彈簧，以更進一步解釋縱波的情況。

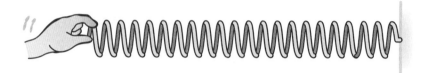

如下圖所示，用力往前壓下彈簧，然後立刻回到原本的位置。你將發現彈簧中受到壓縮的高密度部分，會不斷往前移動。

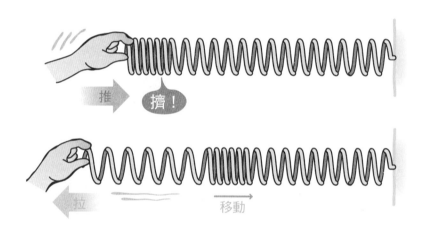

持續不斷重覆地推與拉的振動，就會如下圖所示，高密度部分（符號為「密」）與低密度部分（符號為「疏」）會接連傳遞過去。

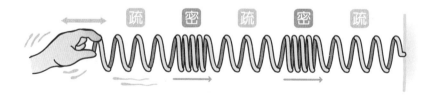

右圖是比照橫波的方式，按照時間順序列出縱波的狀態。

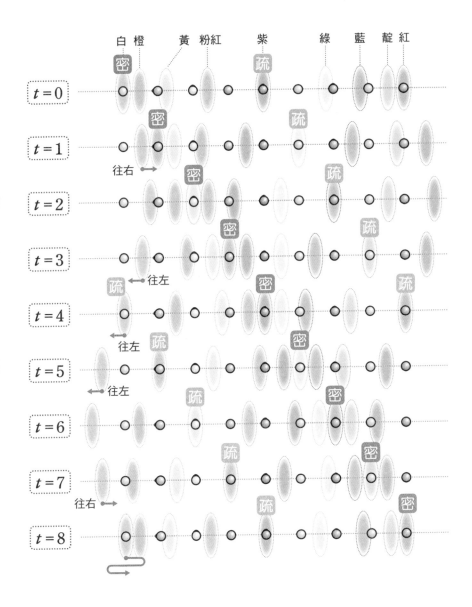

在 $t=0$ 的時候，白色介質狀態為 密 ，之後我們可以發現密在 $t=1$ 時移動到橘色介質，$t=2$ 時移動到黃色介質……隨時間往右移動。如果觀察 $t=0$ 時候的紫色介質，狀態為 疏 時，在 $t=1$ 時是綠色部分為 疏 ，$t=2$ 是藍色部分，$t=3$ 是靛色部分……可見疏也會隨著時間往右移動。

接著，讓我們來看看各別介質的移動情況。如果我們鎖定最左邊的白色介質，會發現它以一開始的位置為中心，不斷左右振動。其他介質也一樣以相同顏色的球為中心，左右振動。要注意的是，縱波的介質本身不會隨著疏密部分而移動。

以下整理出橫波與縱波的性質。

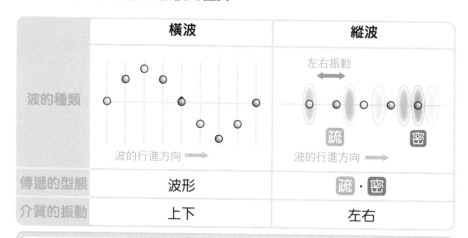

	橫波	縱波
波的種類	波的行進方向 ➡	左右振動 疏　　密 波的行進方向 ➡
傳遞的型態	波形	疏・密
介質的振動	上下	左右

以橫波來表現縱波

縱波是一種傳遞密度的波，因此光用圖是很難理解每個介質究竟是以哪裡為中心來進行振動。所以我們要學一種新方法，就像用橫波來表現縱波。請看下圖。

$t = 4$

本圖以箭頭表示上一頁圖中的 $t = 4$ 時間點，介質距離基準點（球的位置）有多遠。

接著我們設定如下圖所示的縱軸，定義縱軸往上為「介質往右邊偏移的幅度」，往下為「介質往左邊偏移的幅度」。如黃色箭頭所示，當箭頭從振動中心點往右延伸，代表介質從中心位置往右偏移，箭頭轉換向上。而像藍色箭頭往左延伸的時候，則箭頭轉換向下。

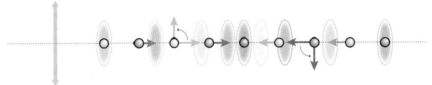

如此一來，往右的箭頭轉上，往左的箭頭轉下，再以平順的線條連接箭頭端點，就會形成下圖所示的橫波。

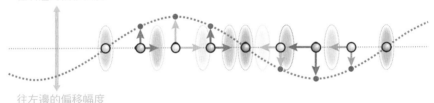

於是我們成功地以橫波來表現縱波。讓我們看看轉換後的橫波，是如何對應原本的 疏、密 位置的。

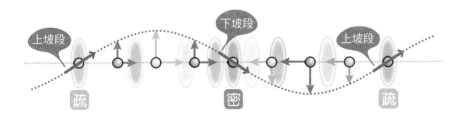

如上圖所示，橫波的下坡段對應「密」，上坡段對應「疏」。

我們也一樣可以將 $t=4$、5、6 等時間的縱波轉換為橫波，排列為下圖。

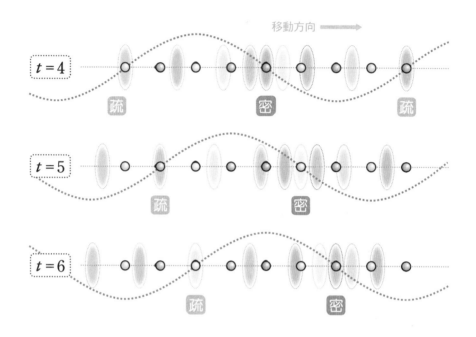

從此圖可以發現，縱波的 疏 、 密 往右邊移動，轉換後的橫波也同樣往右邊移動。

縱波 1・2・3

我們學會了將縱波轉換成橫波，因此以後碰到動態不明的縱波，都能夠以橫波來表示了。大學學測常見的考題之一就是給你一個「以橫波來表示的縱波」，讓你思考哪裡是「密」，哪裡是「疏」。因此我們稍微繞個路，來介紹一個三步驟解法，可以將轉換後的橫波再次恢復成縱波。

①畫一顆球，標出上下兩方的箭頭

②當箭頭往上，則轉換為 x 軸的正向；若往下，則轉為 x 軸逆向

③將球移動到箭頭前端，標示「疏」「密」

讓我們使用這三步驟解法，來解出下面的問題。

練習問題 **1**　　　　　　　　　　　　　　　　　　　　exercise

　　下圖是以橫波所表示的縱波。請問在 O～G 之間，何處為「疏」，何處為「密」？請以符號作答。

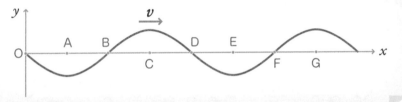

練習問題 **1**　　　　　　　　　　　　　　　　　　　　exercise

【解答與解說】

① 畫一顆球，標出上下兩方的箭頭

　　如下圖所示，在高度 0、波峰、波谷等特定位置畫出一顆球。然後從球的位置往橫波的所在位置畫出上下的箭頭。

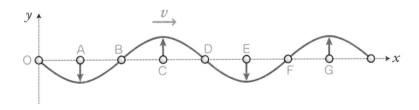

② 當箭頭往上，就轉換為 x 軸的正向；若往下，則轉為 x 軸逆向

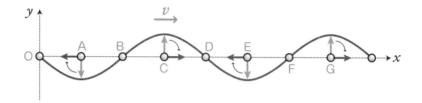

將↑轉換成「右」，將↓轉換成「左」。

③ 將球移動到箭頭前端，標示 密 · 疏

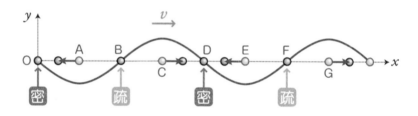

移動球之後，球聚集的地方就是 密，球疏遠的地方就是 疏。大功告成！可見密的位置是 O 和 D，疏的位置則是 B 和 F。

答案 　　密為 O、D，疏為 B、F

波的五大性質

到此，我們已經學到了標示波所使用的必要符號，以及橫波、縱波兩種波。波的基礎就到這裡結束。接下來要看波所具備的五大神奇性質。波動具有粒子所無法比擬的有趣性質。了解波的性質後，才能明白聲音與光的神奇現象。

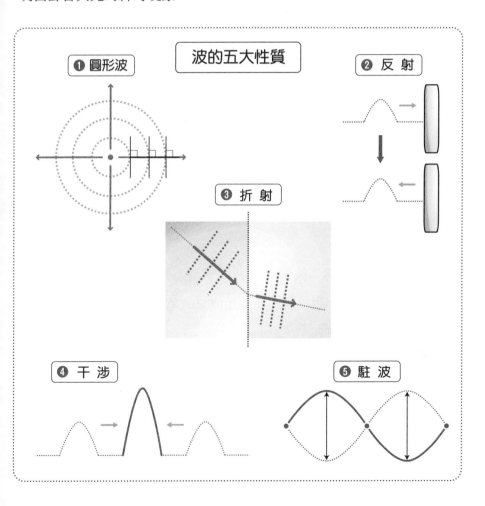

波的五大性質

❶ 圓形波

❷ 反射

❸ 折射

❹ 干涉

❺ 駐波

波的性質 **①** 圓形波

當介質像彈簧一樣直線排列，波形就會在彈簧上移動。那像水面這種二維平面的介質，波又會如何擴散呢？

水面的介質是水分子，呈現二維平面擴張。我們試著對水面扔石頭，可以發現如圖所示，以石頭落水的位置為中心，會產生不斷擴散的圓形波。

波的性質 **①** 圓形波

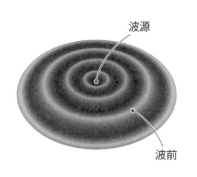

波源

波前

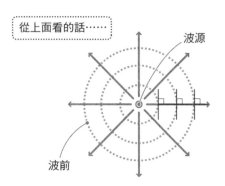

從上面看的話⋯⋯

波源

波前

產生波的位置稱為波源，由波峰或波谷連接而成的線條稱為波前。波會以波源為中心呈圓形擴散，而且波的前進方向與波前垂直正交。這種波就稱為圓形波。

圓形波的性質整理

● 以波源為中心，呈圓形擴散
● 行進方向與波前垂直

● 圓形波的應用：線型波

接著我們用一根棒子之類的長條物體敲打水面。將會發現如下圖所示，水面會產生與棒子平行的波。

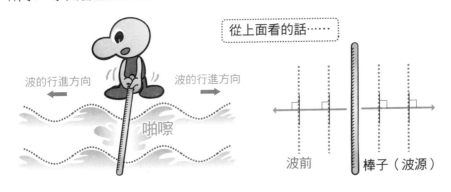

為何會產生這樣的波呢？我們用「圓形波的性質」來研究看看。請先看右圖。

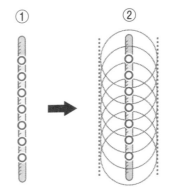

當棒子敲擊水面（①），就會產生許多波源，各自發出圓形波（②）。這些圓形波的波前互相交疊，於交疊處產生新的波前（以紅色標示）。因此我們可以將平行波看成圓形波的重疊結果。

● 圓形波的應用：波的繞射

如下一頁的圖所示，請想像堤防上破了一個小縫。當波浪打進這個縫時，並不會從開縫的缺口直線前進（圖左），而是會以縫為中心，呈圓形擴散（圖右）。

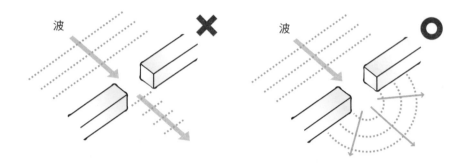

　　若是物質，就絕對不可能發生這種現象。假設你把球投到牆壁之間的縫隙中，球通過縫隙時並不會瞬間分裂擴散。

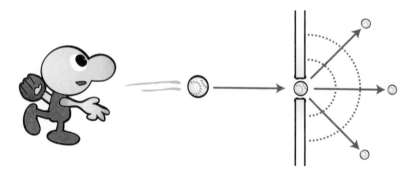

　　這種現象稱為波的繞射。繞射就是以堤防空隙作為新的波源，自該處產生圓形波。

波的性質 ❷　反射

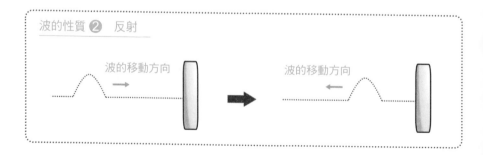

波的性質 ❷　反射

波的移動方向　→

波的移動方向　←

請試著對牆壁丟石頭。石頭一撞到牆壁，就會發出聲音，掉在地上。

那當「波」撞到牆壁時又會如何呢？我們試著在浴缸裡製造波，讓波撞擊浴缸的牆面。請看下圖。

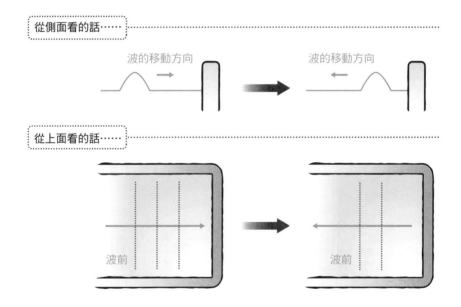

當波撞到牆壁時，神奇的事情發生了！波竟然若無其事，以相同的速度彈了回來。這種現象稱為「反射」。波不像粒子，就算撞到牆壁，也不會破壞或消失。

我們將撞牆之前的波稱為「入射波」，反射回來的波稱為「反射波」。反射又分為「①自由端反射」與「②固定端反射」兩種。接著

我們就來詳細探討這兩種反射。

①原樣反射的「自由端反射」

上一頁在浴缸裡的波反射，稱為自由端反射。若屬於自由端反射，則 波峰 撞到牆壁時，反射回來的反射波也一樣是 波峰 。如果撞到的是 波谷 ，反彈的也是 波谷 。

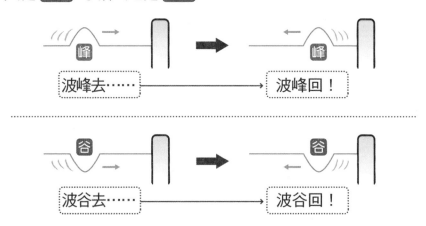

②反向反射的「固定端反射」

準備一條彈簧，一邊用手拉住，另一邊如下圖所示加以固定，然後製造波動。

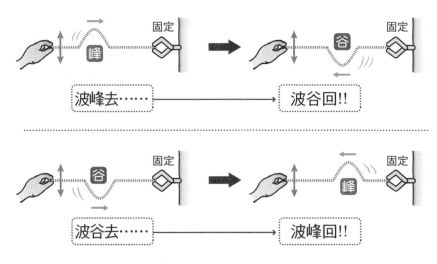

結果 波峰 過去，回來的卻是 波谷 ；而 波谷 過去，回來的則是
波峰 。像這種振動狀態（也稱為「相位」）反向彈回的反射，就稱為
「固定端反射」。

● 斜向反射

接著如下圖所示，讓波斜著碰撞牆壁看看。

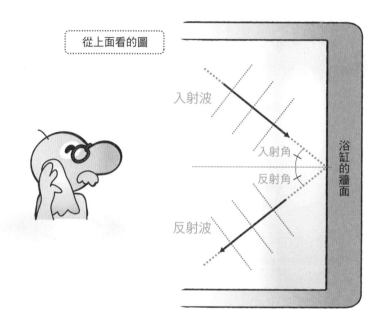

從左上方以某個角度入射的波，會往左下方反射。入射波行進方
向與垂直於牆面的線的夾角稱為「入射角」。反射波行進方向與垂直
於牆面的線的夾角稱為「反射角」。在斜向入射的情況下，入射角會
等於反射角。

┌──● 反射定律
│
│   入射角＝反射角
│

波的性質 ❸ 折射

　　當波在前進途中，速度突然產生變化時，會發生什麼事情呢？比方說愈接近岸邊，水深愈淺的時候。波有一個性質，在水愈淺的地方速度愈慢，所以愈接近水岸，波的速度會愈慢。以下我們就來看看下圖這種水深突然變淺的情況。

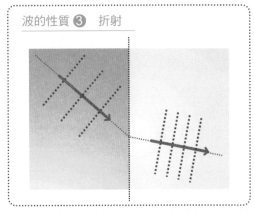

波的性質 ❸ 折射

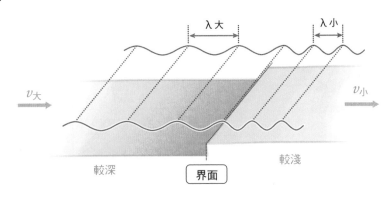

　　在水深改變的位置（稱為界面）上，波的速度 v 會變慢。但頻率 f 並不會改變。根據 $v=f\lambda$ 的公式，當 v 變小，波長 λ 就會縮短。

　　接著來探討如右圖所示，波斜向射入界面的情況。

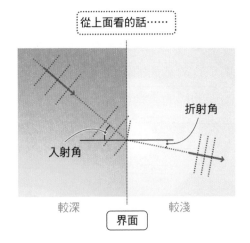

當波從深處往淺處入射，波前會保持與行進方向垂直，但波速會變慢，因此先通過界面的波前會先降低速度。這時候波就會在界面產生彎曲。

　　請想像兩個小孩抓著一根棒子的兩端向前跑。一邊的小孩如果突然放慢速度，另一邊的小孩還保持相同的速度，棒子就會突然轉向。波也會有相同的現象。這種波彎曲的現象就稱為「波的折射」。若使用上一頁的圖來定義，則入射波行進方向與界面垂線所夾的角度稱為入射角，彎折之後的角度就是折射角。

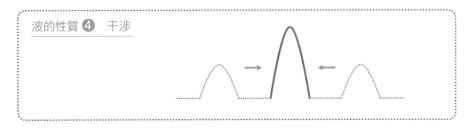

波的性質 ❹ 干涉

　　如果兩顆大小相同的石頭往空中一丟，相撞了，會發生什麼事？
兩顆石頭會「叩！」一聲掉在地上。如果換成兩道波相撞呢？讓我們
從兩個方向同時製造一樣高的「波峰」A，並試著將兩者撞擊看看。
請看左圖，兩道互相接近的波在撞擊的瞬間，高度突然提升為兩倍。
之後又若無其事地穿過對方，繼續移動。這真是有趣呀。

　　接著請看右圖。一邊製造「波峰」，另一邊製造相同高度（深
度）的「波谷」，當兩個波相撞的瞬間，竟然都消失了。

　　但就當我們以為波消失的時候，「波峰」又若無其事地往右去，

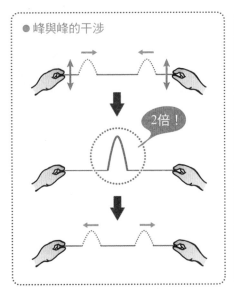

● 峰與峰的干涉

2倍！

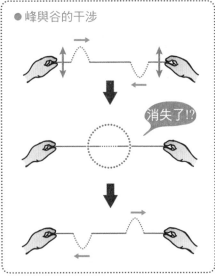

● 峰與谷的干涉

消失了!?

「波谷」也平安地往左走。這種某個波影響另一個波的高度（振幅）的現象，就稱為波的干涉。

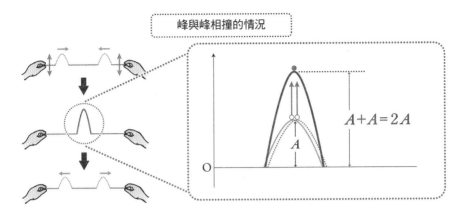

峰與峰相撞的情況

$$A+A=2A$$

A

為何會發生干涉現象？我們知道，產生波的介質只是單純的上下振動。請看上面「峰與峰相撞的情況」的圖。從左邊來的波峰使介質往上振動，從右邊來的波峰也是一樣，當兩個波峰相撞就會把介質推到兩倍的高度（$A+A=2A$）。再看到下圖，當「波峰」撞到「波谷」時，往上振動的介質被「波谷」往下拉扯，因此介質會回到原本的位置，看起來就像波消失了一樣（$A-A=0$）。

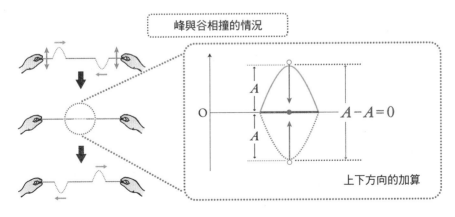

峰與谷相撞的情況

A

A

$$A-A=0$$

上下方向的加算

波的性質 **❺**　反射＋干涉＝駐波

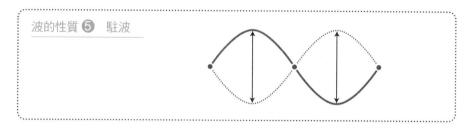

波的性質 **❺**　駐波

接著我們來探討在浴缸裡不斷製造波的情況。當波往牆面前進，撞牆之後就會反射回來。而當反射回來的波撞上新的入射波時，就會引發干涉。

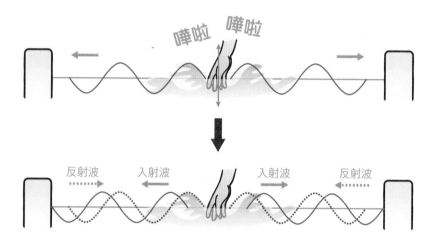

因此就會產生如下圖所示的神奇激烈震盪波。

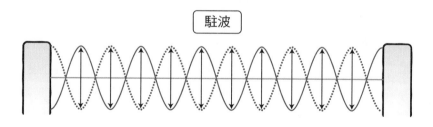

駐波

此時波不再左右移動，而是分為上下激烈振動的位置，以及完全不動的位置。這種波就稱為駐波。

　　駐波是什麼樣的波呢？請看下圖。紅色實線表示往右前進的入射波，紅色虛線表示向左前進的反射波。請先看入射波與反射波在隨著時間過去後，會如何移動。

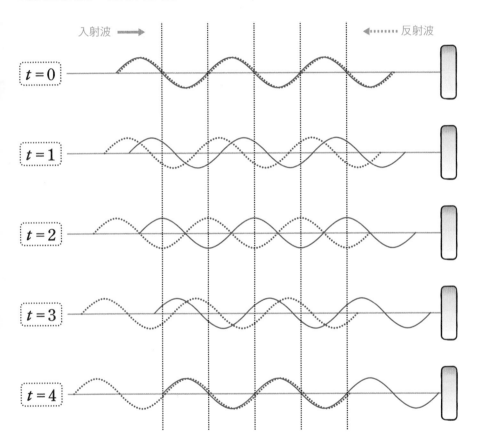

　　我們發現入射波（實線）隨著時間經過會往右移動，反射波（虛線）則會往左移動。接著看下一頁的圖，紅色實線就是將兩種波上下相加的結果。

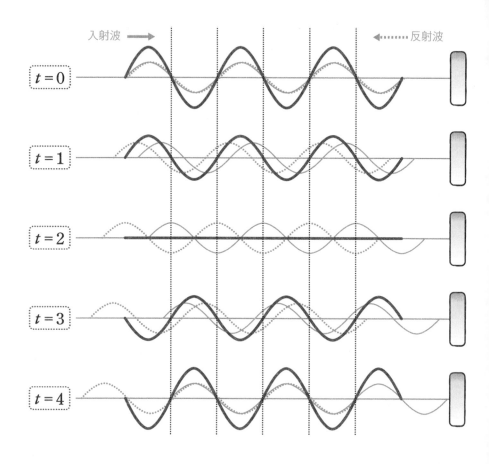

請注意兩種波合成之後的紅色實線（圖中紅色的波稱為合成波）。將 $t=0\sim4$ 的合成波全部重疊起來，就會得到下圖。

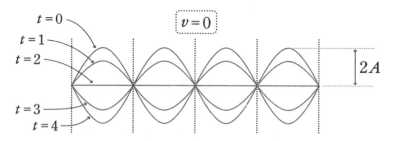

從下圖，我們可以發現有激烈震盪的部分，也有紋風不動的部分。這就是駐波。讓我們擷取出 $t=0$ 的波與 $t=4$ 的波，來做進一步的探討。

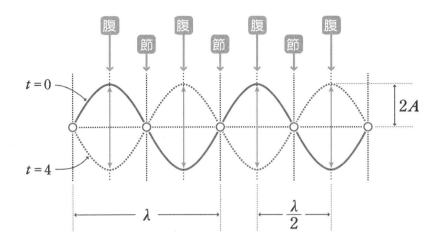

我們將激烈振動的部分稱為「波腹」，完全不動的部分稱為「波節」。兩個波腹或兩個波節之間的間隔，換算成入射波的波長，就是 $\frac{\lambda}{2}$。看起來很像樹葉吧。請記住下圖，駐波每兩片葉子的長度，等於一個原始波（入射波）的波長。可以用以下的口訣來背。

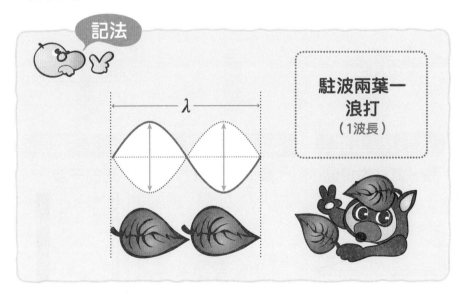

第一堂課就到此為止。我們學到了兩種波（橫波・縱波），還有下圖所示的五大性質（①圓形波、②反射、③折射、④干涉、⑤駐波）。下一堂課開始，我們將以波的性質來說明「聲音」與「光」的

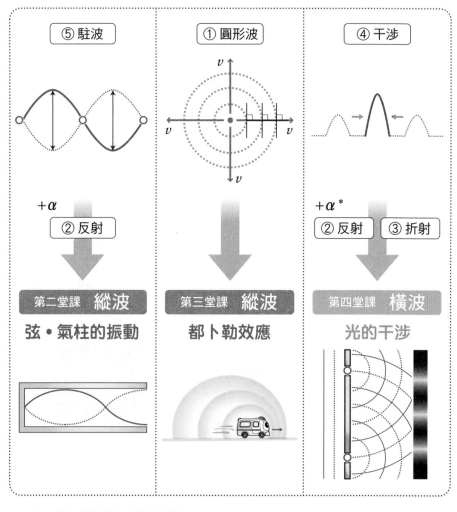

奧妙。

　　左圖整理出了哪些波的性質與聲音和光有關。

　　第二堂課的「弦・氣柱的振動」與 ⑤ 駐波有關，第三堂課「都卜勒效應」與 ① 圓形波有關，第四堂課「光的干涉」與 ④ 干涉有關。在這堂課的尾聲，就讓我們來挑戰一下大學學測的考題吧！

*註：依審訂老師的見解 a 實可刪去。

如圖 1 所示，在平滑的水平面上放置一條平衡狀態的彈簧，以長度方向為 x 軸，彈簧上各點位置以 x 座標表示。此時彈簧上的點 A、B、C 分別位於 $x=0$、L、$2L$ 的位置。接著在彈簧的一端，沿著長度方向以一定頻率製造振動，產生出波長 L 的疏密波。

圖1

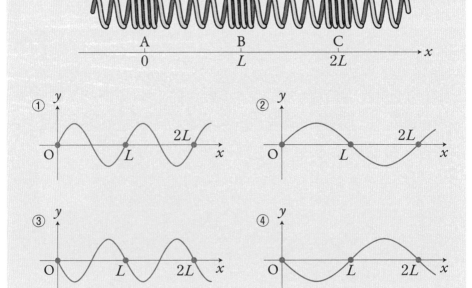

問題1　假設彈簧各點的位置變量為 y，我們可以畫圖表示彈簧在特定時刻時的狀態。其中假設 x 軸正向的位置變量為 y 軸的正值，x 軸負向的位置變量為 y 軸的負值。請從以下 ①～④ 四個選項中，選出代表圖 2 的疏密波狀態的正確圖表。惟有點 A、B、C 的位置均不變。

圖2

問題2 其次，將彈簧振動端的另一端加以固定，便能觀察到駐波。則距離固定端多遠的位置上，疏密變動量為最大？請從以下 ①～④ 四個選項中選出最適合的答案。

①距離固定端 $\frac{L}{2}$、$\frac{3L}{2}$、$\frac{5L}{2}$ ……的位置上

②距離固定端 $\frac{L}{4}$、$\frac{3L}{4}$、$\frac{5L}{4}$ ……的位置上

③距離固定端 0、L、$2L$、$3L$……的位置上

④距離固定端 0、$\frac{L}{2}$、L、$\frac{3L}{2}$……的位置上

2002年度 日本大學學測考題 （修改版）

問題1 這個問題有兩個重點。從圖2可以得知「密 與 密 的間隔代表縱波的波長，也就是 L（條件 ①）」，以及「A、B、C 三點都處於 密 的狀態下（條件 ②）」。首先，從條件 ① 中可以將答案限定為選項 ① 與選項 ③；接著，再使用「縱波變形1・2・3」（第33頁），將選項① 與選項③ 的橫波轉換成縱波。

●選項 ① 的轉換

❶畫一顆球，標出上下兩方的箭頭

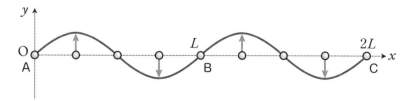

❷當箭頭往上時，轉換為 x 軸的正向；若往下，則轉為 x 軸逆向

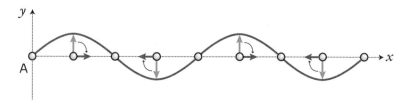

❸當球移動到箭頭前端，並標示出 疏 密

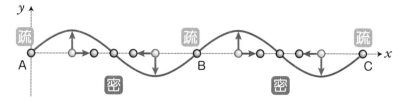

觀察三步驟解法所畫出來的圖，可以發現球離開了 A、B、C 的位置，而使 A、B、C 為 疏 。根據條件 ②，A、B、C 的位置應該是 密 ，因此選項①是不正確的。

●**選項 ③ 的轉換**

同樣使用「縱波變形1‧2‧3」來轉換選項③，可以得到以下的結果。

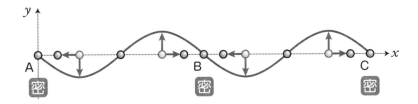

A、B、C皆為 密 ，因此選項 ③ 才是滿足兩個條件的正確答案。

問題1的解答　　③

問題2 問題中的關鍵在於，「將彈簧振動端的另一端加以固定」。被固定的位置因無法振動，便會如下圖所示，形成固定端（右端）為波節的駐波。

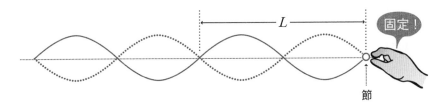

問題中提到的「疏密變動量為最大」，代表某個時間為 密 ，另個時間為 疏 ，介質不斷集散的位置。接著，我們來比較上圖紅色實線的縱波與紅色虛線的縱波。

根據「縱波變形1‧2‧3」，下圖實線當下為 密 或 疏 的波節部分，在虛線的時候則相反，而會成為 疏 或 密 。

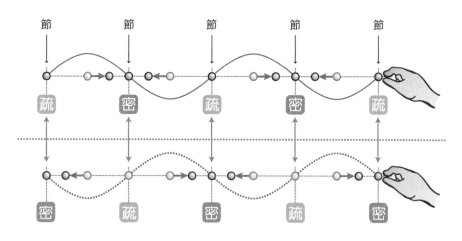

於是我們知道「波節」的位置上密度變化最激烈，疏 密 的變動是最大的。被固定的右端為波節，可以從右邊開始排出一片片的葉子。兩片葉子就是一個波長，因此如下圖所示，每 $\frac{1}{2}L$ 就是一個波節。

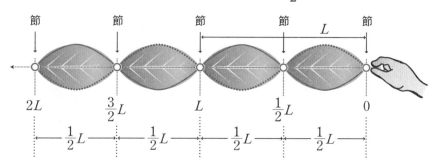

因此，答案為選項④。

問題2的解答　　④

第一堂課總結
其①

● 波的表示方法（圖）●

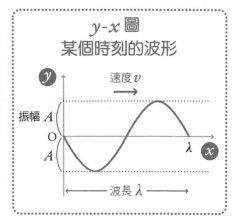

y-x 圖
某個時刻的波形

速度 v →

振幅 A

O

A

波長 λ

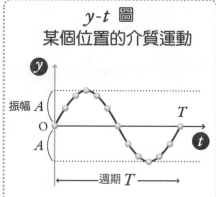

y-t 圖
某個位置的介質運動

振幅 A

T

O

A

週期 T

● 波的表示方法（符號與公式）●

記住會使用到波的記號與公式吧。

符號	意義	說明	
λ [m]	波長	● 一個波（波峰＋波谷）的長度	
A [m]	振幅	● 波的高度	
v [m/s]	波速	● 波的速度	$v = f\lambda$ 公式
T [s]	週期	● 一個波通過某個位置所需的時間 ● 介質振動一次的時間	$T = \dfrac{1}{f}$ 公式
f [Hz]	頻率	● 介質每秒振動的次數 ● 每秒通過某個位置的波數	$f = \dfrac{1}{T}$ 公式

第一堂課總結
其②

● 波的種類 ●

根據介質振動方向不同，可以分為兩種波（橫波・縱波）

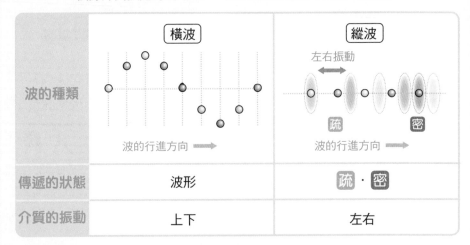

波的種類	橫波	縱波
傳遞的狀態	波形	疏・密
介質的振動	上下	左右

● 波的性質 ●

先掌握波的五大性質

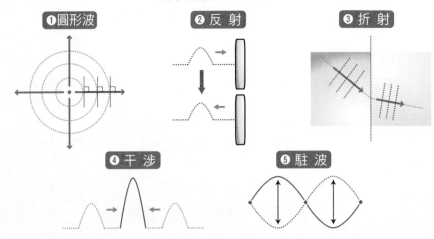

❶圓形波　　❷反射　　❸折射

❹干涉　　❺駐波

第二堂課

樂器的架構
弦・氣柱的振動

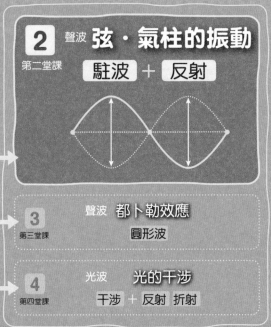

請想像有個孩子在公園裡盪鞦韆。孩子的爸推著孩子的背，鞦韆搖啊搖的。但因為爸爸沒有考慮到推鞦韆的時機，所以不論怎麼推，都盪不高。

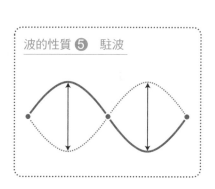

「好無聊喔～」

將鞦韆推高的訣竅，就在於看準鞦韆盪回來的時機，出手推孩子的背。

「一下～兩下～三下……」

鞦韆開始愈盪愈高了。

「呀呼！」
「四下～五下…」

「停啦！停啦！好可怕！」

波的性質 ❺　駐波

其實盪鞦韆的例子，跟樂器發出聲音的原理十分相似。而且跟第一堂課所學到的「駐波」更是關係密切。在第二堂課中，我們將使用第一堂課所提到的波的性質「駐波」，來探索我們身邊各種奧妙的現象。

聲波的真面目

　　聲音究竟是什麼？或許「咚～」
「碰～」之類的其實是某種叫做「聲音」
的「物質」，這些東西傳到了耳朵裡，才
讓我們聽見聲音？

　　讓我們做個實驗。請發出「哦～」的
低音，同時用手摸著喉嚨。你會發現喉嚨產生出微微的振動。接著請
用力敲打大鼓以發出聲音。在鼓聲未斷之前觸摸鼓皮，也可以感覺到
振動。其實聲音的奧妙就在「振動」之中。請看下圖。

使用彈簧來表現粒子之間的作用力

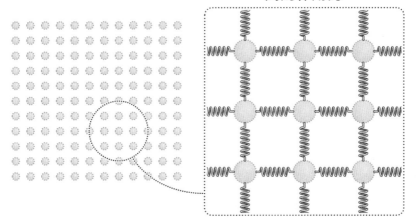

　　這張圖以球來表示空氣中的空氣粒子（氧分子、氮分子等等）。
這些粒子平均地分散在空氣中，並藉由粒子之間的作用力互相連結，
就像被彈簧連接一般，各自保持一定距離。

　　如果在空氣中敲打鼓皮，造成鼓皮微微振動，就會開始影響空氣粒子振動，形成縱波傳遞出去。

　　而這縱波抵達我們的耳朵時會振動鼓膜，鼓膜會將振動轉換成電子訊號，送到腦中，這就是我們所感受到的聲音。

　　這就是聲音的真面目。聲音就是介質（空氣粒子）的縱波。聲音的波稱為聲波。上圖的紅色虛線，是由縱波轉換而成的橫波。本書之後會將所有聲音的縱波轉換為橫波，請讀者多加注意。

聲音的速度

　　聲音的速度 V（音速）如下所示，與氣溫 t [℃] 成正比關係。

音速的公式	$V = 331.5 + 0.6t$

　　溫度代表粒子運動的激烈程度。溫度愈高，代表單一粒子的運動愈激烈。聲音的波（聲波）是空氣粒子所製造的波，所以會隨氣溫 t 而改變。請別背這則公式，只要記得「音速大概是340m/s」就好。聲波每秒可推進 340m，可見其真是迅速啊。

聲音的高低

　　聲音的高低和聲波有何種關係呢？讓
我們來做個實驗。請將手指放在喉嚨上，
先發出「啊～」的高音，再發出「哦～」
的低音看看。

　　你可以感受到，發出高音的時候，
喉嚨的振動比發出低音時更為細小。可見「高音」「低音」與頻率有
關。高音就是頻率 f 較高的聲音，低音就是頻率 f 較低的聲音。一般來
說，氣溫不會突然產生劇烈的變化，所以我們假設音速 V 為定值，由
聲波公式就可以得到如下的結果。

音速（波的速度）$\underline{V}$ ＝頻率 f × 波長 λ
　　　　　　　　定值　　　　　　　　反比

　　其中 f 與 λ 為反比關係。由這則公式可以發現「高音的頻率 f 較
大，波長 λ 較短」「低音的頻率 f 較小，波長 λ 較長」。

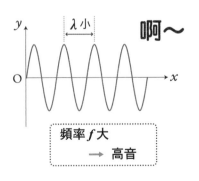

頻率 f 大
→ 高音

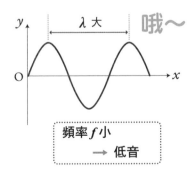

頻率 f 小
→ 低音

聲音的大小

那麼聲音的大小又與波的什麼要素有關呢？如果我們輕敲鼓皮，就會發出小聲音。如果用力敲打鼓皮，就會發出大聲音。可見鼓皮的振動幅度，與聲音大小有關。也就是說，聲音大小與聲波振幅 A 有關。聲波的振幅 A 愈大，聲音聽起來愈大；聲波的振幅 A 愈小，聲音聽起來就愈小。

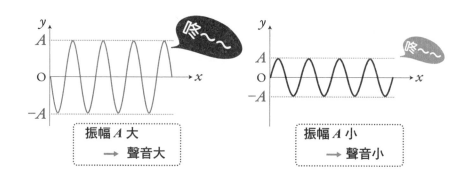

弦的振動與駐波

以上是聲波的基本知識。接著我們要看這堂課的主題，也就是樂器的原理。首先來看吉他等「弦樂器」的原理。

首先就讓我們來看看弦的幾項要件，包括弦的長度 L、弦的張力 T

以及弦的線密度（弦的種類）ρ與聲音高低的關係。

　　像低音提琴這種弦較長的樂器，發出的聲音較低；而像小提琴這種弦較短的樂器，發出的聲音則較高。另外在給吉他調音的時候，弦拉得愈緊聲音愈高，弦放得愈鬆聲音愈低。如果比較六條吉他弦，可以發現弦愈粗聲音愈低，弦愈細聲音愈高。看來「弦長」「弦張力」「弦種類」確實與聲音有關。但我們應該要如何用數學來說明這種日常生活中的聲音體驗呢？

　　只要撥一下吉他弦，弦就會產生振動。下圖表示用手指撥彈吉他弦時，最單純的振動情況（稱為基頻）。

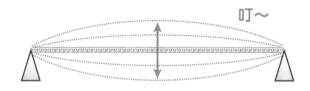

　　可以發現，只有中央的振動最激烈。像這種左右不動，中央大幅振動的波，就稱為駐波。但為何弦上會產生駐波呢？請看下圖。

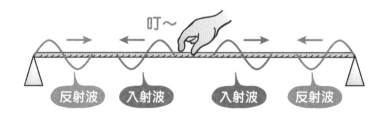

　　在撥彈弦中心的瞬間，弦上的波會往左右傳遞。這些波會在兩邊發生固定端反射，兩組反射波將在中央位置相碰。於是波互相重疊，就形成了駐波。

　　當弦發生駐波時，就會影響周圍的空氣粒子，而產生振動。當空氣粒子在相同的時間點振動時，就會像盪鞦韆一樣增加振動強度，發

出更大的聲音，往整個空間傳遞出去。這就是弦樂器發出聲音的原理。

弦所造成的波——波長

那麼在上圖中製造基頻時，又應該怎麼表示決定聲音高低的頻率 f 呢？根據 $v=f\lambda$，只要知道波長 λ 和波速 v 就能求出 f，所以我們先試著求出弦上的駐波波長 λ。

如下圖所示，弦長 L 相當於一片駐波葉片，根據口訣「兩葉一浪打」，形成駐波的波動，波長 λ 應該是弦長的兩倍，也就是 $2L$。

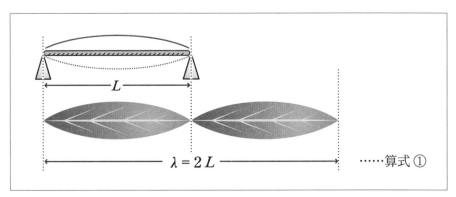

$$\lambda = 2L \quad \cdots\cdots 算式①$$

弦所造成的波——波速

弦所傳遞的波動速度 v，可以用弦兩端所受到的張力 T，以及弦本身的線密度 ρ，寫成以下的公式。

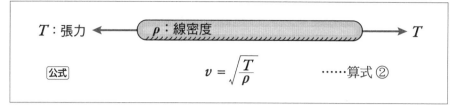

T：張力 ρ：線密度 T

公式 $v = \sqrt{\dfrac{T}{\rho}}$ ……算式 ②

　　請記住這則公式。只要看到這則公式，就可以知道波速 v 取決於弦受到多強的張力（T），以及弦的線密度（ρ）的差異。

　　於是我們知道了駐波的波長 λ 與波速 v。想知道聲音的高低，就要求出頻率 f。將算式 ①、算式 ② 代入 $v = f\lambda$ 之中，可以求出 f 如下。

代入算式①的 λ 和算式②的 v

$$f = \frac{v}{\lambda}$$

$$f = \frac{v}{\lambda} \quad\quad v = \sqrt{\frac{T}{\rho}} \quad ……算式 ②$$
$$\quad\quad\quad \lambda = 2L \quad ……算式 ①$$

$$f = \frac{1}{2L}\sqrt{\frac{T}{\rho}}$$

　　我們完成了代表基頻音高 f 的數學式。接著就用這則公式，來探討弦與音的高低關係。

f 與 L 成反比

$$f = \frac{1}{2L}\sqrt{\frac{T}{\rho}}$$

　　弦長 L 與頻率 f 成反比。也就是弦長 L 愈長（L 愈大），聽到的聲音愈低（f 愈小）；反之，L 愈短（愈小）則聽到的聲音愈高（f 愈大）。我們用數學式解釋了低音提琴為何聲音又大又低，而小提琴的

聲音則是又小又高。

f 與 T 成正比

$$f = \frac{1}{2L} \sqrt{\frac{T}{\rho}}$$

弦的張力 T 與頻率 f 成正比，也就是說，張力 T 愈強（T 愈大），聽到的聲音愈高（f 愈大）；張力愈弱（T 愈小），聽到的聲音愈低（f 愈小）。這就說明了為什麼吉他弦愈緊，聲音愈高，弦愈鬆聲音愈低。

f 與 ρ 成反比

$$f = \frac{1}{2L} \sqrt{\frac{T}{\rho}}$$

最後來看線密度 ρ。線密度 ρ 與頻率 f 成反比。所以弦的線密度 ρ 愈小（ρ 小），發出的聲音愈高（f 大）；弦的線密度 ρ 愈大（ρ 大），發出的聲音愈低（f 小）。

以吉他來說，上面的弦和下面的弦種類就不同。上面的弦線密度較大，根據算式會發出較低的聲音；下面的弦線則密度較小，會發出較高的聲音。

整理以上結果，就可以列出以下的表格。

	聲音較高（頻率 f 較大）	聲音較低（頻率 f 較小）
弦的長度 L	短	長
弦的張力 T	大	小
弦的線密度 ρ	小	大

振動模式與頻率

　　實際上，弦的振動並不如基頻那樣單純，而是以各種模式組合在振動的。下圖就表示了三種弦的駐波模式。

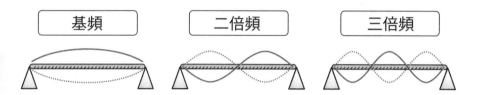

| 基頻 | 二倍頻 | 三倍頻 |

　　上圖中央的稱為「二倍頻」，右邊的稱為「三倍頻」。接著按照基頻的做法，來探討二倍頻與三倍頻的頻率 f。

　　想要求出 f，首先要求出振動的波長 λ。我們可以用以下三步驟來求出駐波的波長。

●駐波1・2・3

①畫圖
②求出單一葉片長度（弦是一片，氣柱是0.5片）
③求出兩片葉片的長度

　　如下一頁的圖所示，二倍頻代表弦上有兩片葉子（步驟 1）。以弦來說，要先求一片葉子的長度。在二倍頻的情況下，弦長為 L，一片葉子的長度是 $\frac{1}{2}L$（步驟 2）。乘以兩倍變成兩片葉子，長度就是 L（步驟 3）。這就是二倍頻的駐波波長。

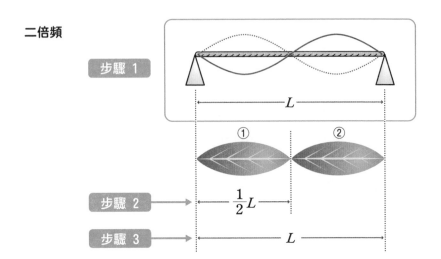

二倍頻

步驟 1

L

① ②

步驟 2 　$\dfrac{1}{2}L$

步驟 3 　L

　　以同樣的方法來計算三倍頻。如下圖所示,三倍頻有三片葉子,每片葉子的長度是 $\dfrac{1}{3}L$(步驟2)。乘以兩倍變成兩片葉子,駐波波長就是 $\dfrac{2}{3}L$(步驟3)。

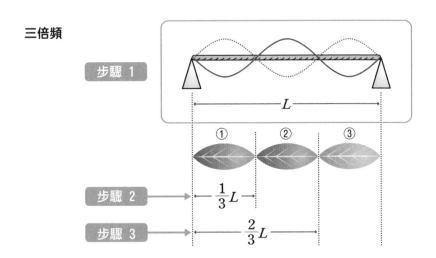

三倍頻

步驟 1

L

① ② ③

步驟 2 　$\dfrac{1}{3}L$

步驟 3 　$\dfrac{2}{3}L$

　　各種振動模式的 λ,與弦上的波速 v,可以套入轉換後的公式 $f=\dfrac{v}{\lambda}$,求出頻率 f,結果就如下表。由於各模式都使用相同的弦,因此弦上的波速可代入相同的($\sqrt{\dfrac{T}{\rho}}$)。

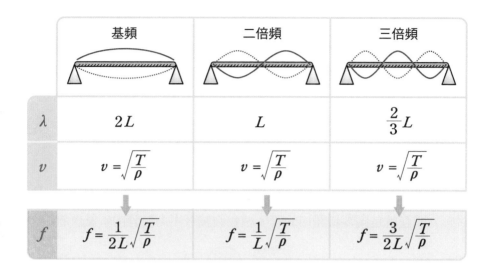

	基頻	二倍頻	三倍頻
λ	$2L$	L	$\dfrac{2}{3}L$
v	$v = \sqrt{\dfrac{T}{\rho}}$	$v = \sqrt{\dfrac{T}{\rho}}$	$v = \sqrt{\dfrac{T}{\rho}}$
f	$f = \dfrac{1}{2L}\sqrt{\dfrac{T}{\rho}}$	$f = \dfrac{1}{L}\sqrt{\dfrac{T}{\rho}}$	$f = \dfrac{3}{2L}\sqrt{\dfrac{T}{\rho}}$

觀察頻率可以發現

基頻＜二倍頻＜三倍頻

頻率依序增加。因此三倍頻的頻率 f 最大，聲音也最高。

如果我們注意頻率的數值，會發現「二倍頻是基頻頻率的兩倍」「三倍頻是基頻頻率的三倍」，就像這樣是以基頻頻率為基礎，在頻率前面加上倍數，所以才會稱之為「〇倍頻」。

氣柱振動

接著來看看管樂器的原理。管樂器分為兩種，一種是兩端開口的樂器，例如長笛；另一種是單邊封閉的樂器，例如單簧管。

前者稱為開管，後者稱為閉管。管內的空氣則稱為氣柱。

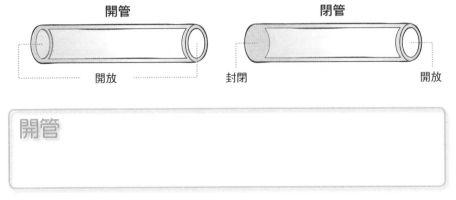

開管　　　　　　　　　　　　閉管

開放　　　　　　　　　封閉　　　　　　開放

開管

開管就是兩端皆開口的管。讓我們試著用力對管內吹氣看看。

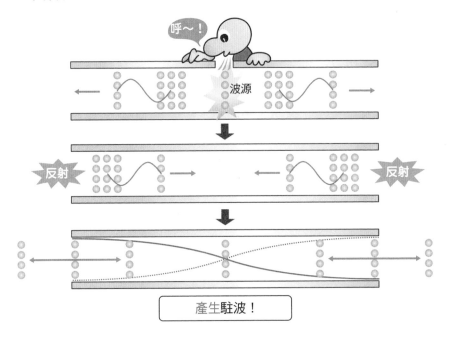

呼～！

波源

反射　　　　　　　　　　　　　　　　反射

產生駐波！

　　吹氣產生的聲波抵達管口時，其中一部分就算沒碰到管壁也會發生反射。此時會與弦樂器一樣，反射波會互相重疊，而形成駐波。駐波形成的時候，介質的運動狀況如何？請看下圖。

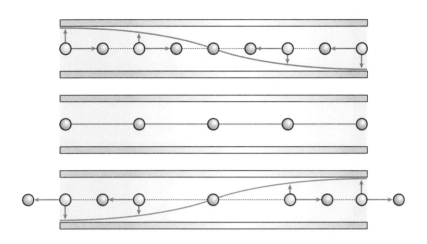

　　此圖表示最單純的開管振動情況（基頻）。紅球表示縱波轉換為橫波之後的介質位置。弦與管的差別，在於反射種類。管的兩邊為自由端反射，空氣分子會左右大幅晃動，成為「波腹」。下圖是將振動狀態換成人來表現。

　　周圍的人會聚集在中央的人身邊，把他擠得緊緊（密）的，然後又遠離中央，讓他孤零零（疏）的，就這樣不斷重複。所以管樂器中產生的駐波，會定期推拉氣柱粒子，而產生大幅度晃動。這振動的過

程就會傳遞聲波。

開管的振動模式與聲音高低

下圖是從基頻開始列出直笛中的駐波狀態。

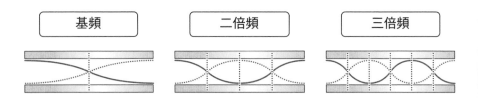

| 基頻 | 二倍頻 | 三倍頻 |

開管的特徵在於兩邊都是自由端反射。從上圖可以發現，任何振動的兩端，都有駐波的開口。讓我們按照弦振動的模式，來求出上圖的頻率 f。

想知道頻率 f，要先用「駐波1・2・3」來求出波長。以氣柱的情況來說，要先如下圖所示求出半片葉子（0.5片）的長度，然後乘以四倍。就可得到一個波長（兩片葉子）。

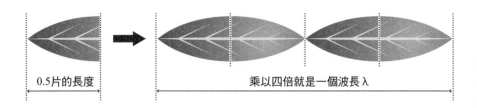

0.5片的長度　　　　乘以四倍就是一個波長 λ

接著如下圖所示，畫出每個振動模式的圖（步驟1），將葉片切成0.5 片的單位。

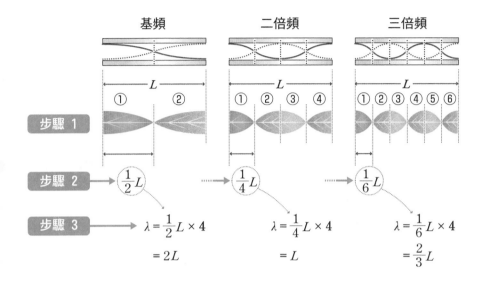

假設氣柱長度為 L，基頻中半片葉子（0.5 片）的長度就是 $\frac{1}{2}$L（步驟2）。乘上四倍變成兩片葉子，波長 λ 就是 $2L$（步驟3）。

同樣地，二倍頻總共有四片 0.5 的葉片，所以一半葉片的長度為 $\frac{1}{4}$L。乘以四倍就是 L。

最後是三倍頻，半片葉子有……

「1、2、3……6！」

沒錯，有六片。所以半片葉子的長度是 $\frac{1}{6}L$。乘上四倍就是 $\frac{2}{3}L$。

於是我們求出了各種振動模式的波長。振動的物質就是空氣分子。所以波速為音速 V（約 340m／s）。我們有了 v 與 λ，就可以用 $f = \frac{v}{\lambda}$ 來求出 f，就能得到下表的結果。

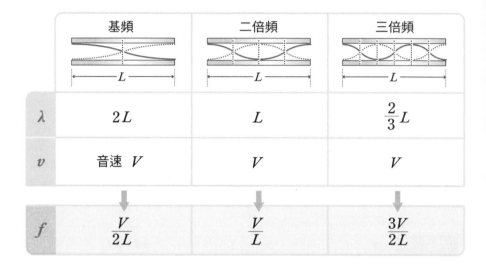

	基頻	二倍頻	三倍頻
λ	$2L$	L	$\dfrac{2}{3}L$
v	音速 V	V	V
f	$\dfrac{V}{2L}$	$\dfrac{V}{L}$	$\dfrac{3V}{2L}$

　　觀察上面的表格，可以發現三倍頻的頻率 f 最大，發出的聲音也最高。我們來看看頻率 f 與管長 L 的關係。我們知道基頻的頻率算式如下。

$$f = \frac{V}{2L}$$

　　可以發現頻率 f 與管長 L 成反比。所以長度不同的管，以相同振動模式產生駐波的時候，管長愈大（L 大）的聲音愈低（f 小），愈短（L 小）的聲音愈高（f 大）。所以我們知道，大的樂器聲音較低，小的樂器聲音較高。

閉管

　　那麼最後就來看單簧管這種單邊封閉的「閉管」，會有什麼樣的

振動。以下我們來做個簡單的閉管實驗。
先準備一個瓶子，在瓶中裝水，嘴唇對著
瓶口用力吹氣。

噗～

只要吹得對，就會發出類似船隻汽笛
的聲音。這是因為瓶中產生聲波，在水面
與瓶口兩邊反射，形成駐波的緣故。下圖是從基頻開始，列出三種閉
管中的駐波模式。

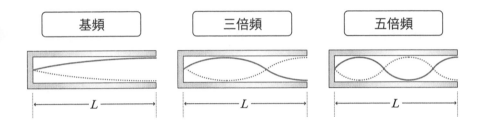

| 基頻 | 三倍頻 | 五倍頻 |

從此中我們可以發現，三種振動在管右邊的開口部分都是自由端
反射，駐波開口，形成「波腹」；而左側封閉部分的反射為固定端反
射，駐波閉口，形成「波節」。

我們以基頻來舉例，揣摩實際上的空氣分子是如何振動的。

擠

從圖中可見，位於「波節」的空氣分子隨著其他球的靠近與遠離，密度也會隨之變高變低。至於位在管口「波腹」的空氣分子，則會劇烈振盪。這振盪就是聲波的來源。

閉管的振動模式與聲音高低

回到上一頁的三種振動模式，來探討各別的模式情況。之前的倍頻都是「二倍」「三倍」，但上圖的模式卻變成「三倍」「五倍」。這和氣柱形成的駐波頻率有關。

我們用之前的方法來求出頻率 f，就可以了解倍頻模式。想求出頻率 f，就要先求波長 λ。請看下圖。根據「駐波1‧2‧3」可以畫出與開管類似的圖形（步驟1）。然後求出半片葉子（0.5片）的長度（步驟2），再乘上四倍（步驟3），就能求出兩片葉子的長度，也就是波

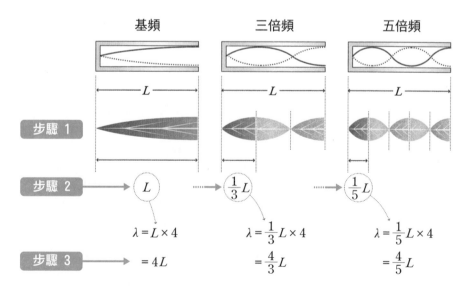

| | 基頻 | 三倍頻 | 五倍頻 |

步驟1

步驟2 　　　L　　　$\frac{1}{3}L$　　　$\frac{1}{5}L$

$\lambda = L \times 4$　　$\lambda = \frac{1}{3}L \times 4$　　$\lambda = \frac{1}{5}L \times 4$

步驟3 　　$= 4L$　　　$= \frac{4}{3}L$　　　$= \frac{4}{5}L$

長 λ。你求出的答案是否與圖示相同？

接著來計算速度 v。閉管與開管一樣直接振動空氣分子，所以波速可使用音速 V（約 340m/s）。用 $f=\dfrac{v}{\lambda}$ 來求出 f，得到下表的結果。

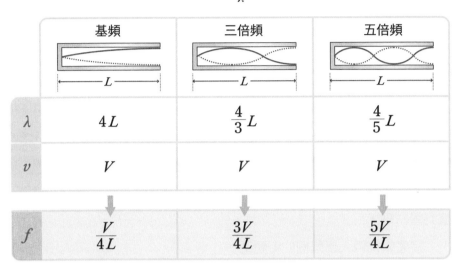

	基頻	三倍頻	五倍頻
λ	$4L$	$\dfrac{4}{3}L$	$\dfrac{4}{5}L$
v	V	V	V
f	$\dfrac{V}{4L}$	$\dfrac{3V}{4L}$	$\dfrac{5V}{4L}$

比較基頻與其他的振動模式，可以發現三倍頻的頻率是基頻的「三倍」，五倍頻則是「五倍」。這就是命名的由來。

接著，我們以基頻為例，探討頻率 f 與管長 L 的關係。

$$f=\dfrac{V}{4L}$$

頻率 f 與管長 L 成反比，所以管長愈大（L 大）的聲音愈低（f 小）。反之，管愈短（L 小）的聲音愈高（f 大）。

開口端修正

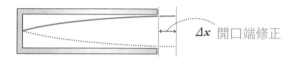

Δx 開口端修正

　　最後要介紹的現象，稱為「開口端修正」。實際實驗之後可以發現，在上圖的現象中，管口的駐波「波腹」部分（介質劇烈左右晃動的位置），其實會稍微跑到管口外側。外移的長度分量 Δx 就稱為開口端修正。如果考題有提到開口端修正，在畫圖的時候記得要將波腹延展到管口外。

　　接著來挑戰大學學測的考題吧。

──●問題練習 ❷　　**弦與氣柱**●──────

　　如圖 1 所示，有一組可以調節水面高度，藉此改變氣柱長度 L 的玻璃管，以及如圖 2 所示的一條均質弦，線密度為 ρ。弦之一端固定，另一端透過滑輪懸吊重物。弦可以改變長度 L。

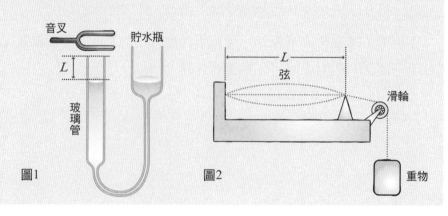

音叉　　貯水瓶

L

玻璃管

圖1

L

弦

滑輪

重物

圖2

問1 如圖 1 所示，在玻璃管口附近敲響頻率為 f 的音叉，然後從管口開始慢慢降低玻璃管內的水面高度，在 $L=L_1$ 的時候產生第一次共鳴，在 $L=L_2$ 的時候產生第二次共鳴。則空氣中的音速 V 為何？請從以下①～⑤中選出一個正確答案。本題要考慮開口修正。

① $\frac{1}{4}(L_2-L_1)f$　　② $\frac{1}{2}(L_2-L_1)f$　　③ $(L_2-L_1)f$

④ $2(L_2-L_1)f$　　⑤ $4(L_2-L_1)f$

問2 以手指撥彈弦的中央，則產生如圖所示的基頻，頻率為 f。如果不改變 L 與重物質量，要得到 $\frac{f}{2}$ 的基頻，則弦的線密度應該是 ρ 的幾倍？請從以下①～⑥中選出一個正確答案。在此已知弦傳遞波的速度，與弦的線密度平方根成反比。

① $\frac{1}{4}$　　② $\frac{1}{2}$　　③ $\frac{1}{\sqrt{2}}$　　④ $\sqrt{2}$　　⑤ 2　　⑥ 4

問2 探討弦傳遞波的速度 v。改變弦的長度 L，使弦的基頻 f 等於音叉的頻率 f。假設此時的弦長 L 為 0.24m，問題 1 的氣柱長度 L_1 為 0.20m，空氣中的音速 V 為 340m／s，則 v 為多少？請從以下①～⑤中選出一個正確答案。在此假設氣柱內的駐波波腹位置，與開口端位置一致。

① 1.0×10^2　　② 2.0×10^2　　③ 3.1×10^2

④ 4.1×10^2　　⑤ 5.1×10^2

2002年度 日本大學學測考題 （修改版）

問題1 要解弦或氣柱的振動問題,關鍵在於確認 v、f、λ 三個主要符號是否固定不變。

當水面高度從 L_1 變成 L_2 時,因為使用的是同為頻率 f 的音叉,所以頻率不會改變。另外氣溫並未改變,所以音速 V 也不變。因此,根據 $v=f\lambda$,在 v 與 f 不變的情況下,λ 就不會改變。

第一次產生共鳴的時候(形成駐波的時候),和第二次產生共鳴的時候,波長 λ 的數值會相等。也就是單一葉片的長度會相等。

從下圖可以得知。水面高度從管口開始降低,第一次產生共鳴(形成駐波)的時候為下圖左。在葉片長度(波長)不變的情況下,第二次產生共鳴的位置肯定是下圖右。

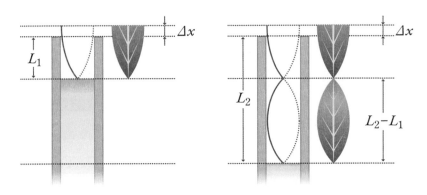

關鍵就在於能不能畫出這張圖!在畫圖的時候,要考慮到開口端修正 Δx,所以駐波波腹會如上圖所示,稍微延伸到管口外面。從圖中可以發現,有了 Δx 就不能直接把 L_1 乘以四倍當成波長。要消除 Δx 的影響,必須用 L_2 減掉 L_1,以得到一片葉子的長度(L_2-L_1)。所以正常的波長 λ 其實等於兩片葉子。

$$\lambda = 2(L_2 - L_1)$$

有了波長，就可用 $v = f\lambda$ 求出音速 V，如下。

$$V \cdots\cdots f \qquad\qquad \cdots\cdots \lambda = 2(L_2 - L_1)$$
$$v = f\lambda$$
$$V = 2(L_2 - L_1)f$$

問題1的解答 ④

問題2 像問題 2 這種弦或氣柱的問題，最喜歡問從初始狀態改變條件，變成另一個狀態時，v、f、λ 會產生何種變化。而這種問題只要照以下三步驟，就能輕鬆解題。

弦‧氣柱的 1‧2‧3

		變化前	變化後
步驟 ❶	振動狀態 λ		
步驟 ❷	速度 v		
	頻率 f	⬇	⬇
步驟 ❸	$v = f\lambda$		

> ①先畫圖，求出表格中的 λ（參考「駐波的波長 1‧2‧3」）
>
> ②從問題內容找出 v、f 填入表格中
>
> ※參考 弦的速度：$(v=\sqrt{\dfrac{T}{\rho}})$，氣柱的速度：音速 V（隨溫度 t 變化）
>
> ③分別列出「變化前」與「變化後」的 $v=f\lambda$

接著就用這三步驟來解題吧。

①先畫圖，求出表格中的 λ

根據問題內容可知，弦的種類有變化，但弦的長度與基頻不變。所以我們在表格中畫出基頻駐波，以求出波長。

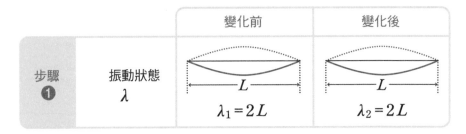

步驟 ❶	振動狀態 λ	變化前	變化後
		$\lambda_1 = 2L$	$\lambda_2 = 2L$

波長 λ_1、λ_2 的數值相同，都是 $2L$。

②從問題內容找出 v、f 填入表格中

		變化前	變化後
步驟 ❷	速度 v	$v_1 = \sqrt{\dfrac{T}{\rho}}$	$v_2 = \sqrt{\dfrac{T}{\rho_2}}$
	頻率 f	$f_1 = f$	$f_2 = \dfrac{f}{2}$

在「變化前」欄位中，線密度為 ρ，然後使用張力 T 將弦上的波速寫成（$v_1=\sqrt{\dfrac{T}{\rho}}$）。在「變化後」欄位中，線密度改為 ρ_2，但重物質量不變，故張力 T 不變。所以波速可寫成（$v_2=\sqrt{\dfrac{T}{\rho_2}}$）。再根據問題內

容條件，得到「變化前」的頻率為 f，「變化後」的頻率為 $\dfrac{f}{2}$。

③分別列出「變化前」與「變化後」的 $v=f\lambda$

最後我們就比較「變化前」與「變化後」，列出 $v=f\lambda$ 來填滿表格吧。

		變化前	變化後
步驟 ❶	振動狀態 λ	$\lambda_1 = 2L$	$\lambda_2 = 2L$
步驟 ❷	速度 v	$v_1 = \sqrt{\dfrac{T}{\rho}}$	$v_2 = \sqrt{\dfrac{T}{\rho_2}}$
	頻率 f	$f_1 = f$	$f_2 = \dfrac{f}{2}$
步驟 ❸	$v = f\lambda$	$\sqrt{\dfrac{T}{\rho}} = f\,2L$ ···算式① $(v_1 = f_1\lambda_1)$	$\sqrt{\dfrac{T}{\rho_2}} = \dfrac{f}{2}\,2L$ ···算式② $(v_2 = f_2\lambda_2)$

根據算式①求出 ρ 為 $\qquad \rho = \dfrac{T}{4f^2L^2} \qquad$ ……算式①′

根據算式②求出 ρ_2 為 $\qquad \rho_2 = \dfrac{T}{f^2L^2} \qquad$ ……算式②′

比較①′與②′，得到 $\rho_2 = 4\rho$。也就是 ρ_2 為 ρ 的四倍。

問題2的解答　　⑥

問題3 假設「變化前」是弦振動,「變化後」是氣柱振動。以下就讓我們用「弦・氣柱的1・2・3」來解題。

①先畫圖,求出表格中的λ

先根據問題內容來畫出弦振動與氣柱振動的基頻圖畫。根據問題內容得知:「假設氣柱內的駐波波腹位置,與開口端位置一致」這代表不需要考慮開口端修正。所以我們就把駐波波腹的位置對齊開口端。

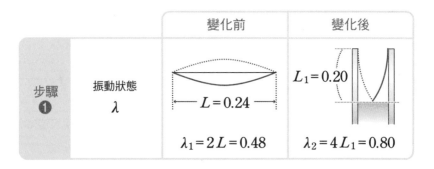

步驟①	振動狀態 λ	變化前	變化後
		$L = 0.24$ $\lambda_1 = 2L = 0.48$	$L_1 = 0.20$ $\lambda_2 = 4L_1 = 0.80$

接著來看這張圖,從弦長與管長來求出波長 λ 。弦的基頻,是弦長等於一片葉子,所以波長 λ_1 為兩倍弦長,等於 0.48m。氣柱的基頻,是管長等於半片葉子,所以波長 λ_2 為四倍弦長,等於 0.80m。

②從問題內容找出 v、f 填入表格中

從問題內容找出速度與波長,並填入表格中。

步驟②		變化前	變化後
	速度 v	v	340
	頻率 f	f	f

　　假設弦上的波速為 v，且問題規定氣柱中的聲波速率為 340m／s。
又問題規定「弦與音叉的頻率相等」，所以符號統一使用 f。

③分別列出「變化前」與「變化後」的 $v＝f\lambda$

　　最後根據 ① 與 ② 列出波函數 $v＝f\lambda$。

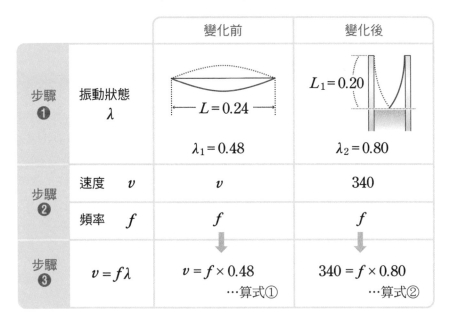

		變化前	變化後
步驟 ❶	振動狀態 λ	$L＝0.24$ $\lambda_1＝0.48$	$L_1＝0.20$ $\lambda_2＝0.80$
步驟 ❷	速度 v	v	340
	頻率 f	f	f
步驟 ❸	$v＝f\lambda$	$v＝f\times 0.48$ …算式①	$340＝f\times 0.80$ …算式②

　　從算式 ② 求出 f 為 425Hz。將這 f 代入算式 ①，得到 $v＝204$m／s。
因此選項中最接近的答案為選項 ②$2.0\times 10^2$m/s

問題3的解答　　②

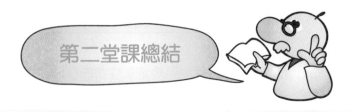

第二堂課總結

● 弦與氣柱的解題法都一樣！●

先畫圖求出波長。

畫圖的重點，在於確認哪邊是固定端，哪邊是自由端。

固定　　　　　固定　　固定　　　　　　　　　　自由

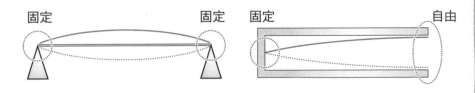

● 增加駐波中的葉片數量，就能隨心所欲畫出倍頻 ●

將找到的 λ、v、f 等資訊填入表中。

		變化前	變化後
步驟 ❶	振動情況 λ		
步驟 ❷	速度 v		
	頻率 f	↓	↓
步驟 ❸	$v = f\lambda$		

表格填滿之後，分別列出「變化前」與「變化後」的$v=f\lambda$，求聯立方程式解。

第三堂課

救護車笛聲的秘密
都卜勒效應

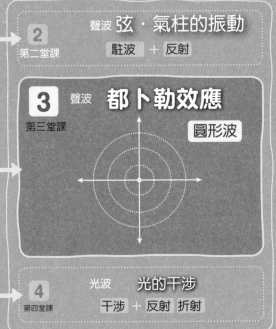

請問各位有沒有碰過救護車從眼前經過呢？當救護車往自己靠近時，音量聽起來會比平常更高，像是「啊～咿～啊～咿～」。通過眼前的瞬間，聽起來是正常的「喔～咿～喔～咿～」，但當救護車遠去，聲音又會變成慢吞吞的「嗚～咿～嗚～咿～」。

很神奇吧！當然，這並不是救護車司機為了整人而故意調整音量高低，而是因為救護車在動，所以音調聽來自然就有變化。這種現象便稱為「都卜勒效應」。

這堂課將要探討都卜勒效應產生的緣由。都卜勒效應與波動呈現圓形擴散的性質「①圓形波」可是關係密切的（參考第36頁）。

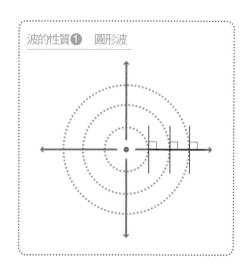

波的性質❶　圓形波

水波的擴散狀態

假設我們每隔一定時間就對水面扔下一顆石子。每扔一顆石子，就會產生一道波紋。如果每次扔的位置都一樣，就會如下圖左般，以扔石子的位置（稱為波源）為中心，產生擴散波紋。

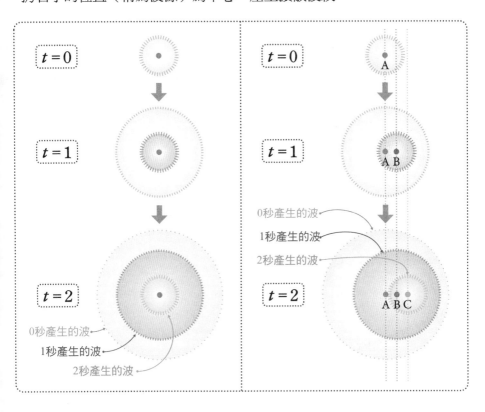

接著如右圖所示，每次都將扔石子的位置往右邊移動一些。在 $t=$ 0的時候，位置A會產生藍色波，並以位置A為中心，隨時間 $t=1$、2向外擴散。而在 $t=1$ 時，位置B會產生紅色波，並以位置B為中心開始擴散。同樣地，在 $t=2$ 時，位置C會產生綠色波，而以位置C為中心開始

擴散。就像這樣，每個波都會以波的產生位置為中心，向外擴散。如果觀察所有波的動態，就像是往右側偏移。這裡面正隱藏了都卜勒效應的原因。

聲音的擴散狀態

傳遞聲波的介質就是空氣粒子。空氣粒子幾乎存在於地球上所有角落（三維空間）。所以當救護車發出聲音振動空氣的時候，聲波會以救護車為波源，呈現球形擴散。假設如下圖所示，瞬間產生一個「嗶！」的聲音，聲波球就會以音速 V（約340m/s）擴散，抵達人類的耳朵，因此人就會聽到「嗶！」的聲音。

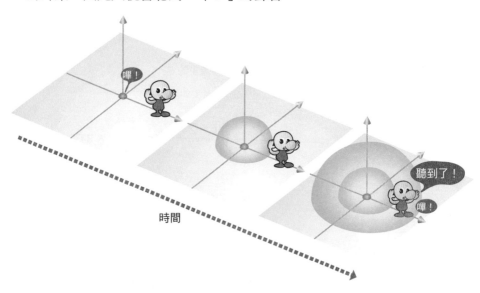

時間

接著來看看連續發出聲音的情況。下一頁的圖表示救護車靜止不動，發出「喔～咿～喔～咿～」笛聲的情況。

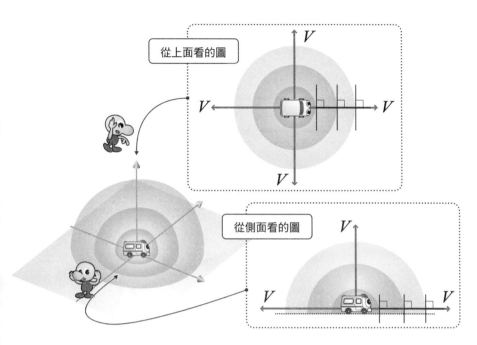

從上面看的圖

從側面看的圖

　　有許多聲波以波源為中心向外擴散。從上面看，就好像連續對相同位置扔石頭所產生的水面波（二維）。

　　請注意，上圖的波前數量比實際狀況少很多。這是為了方便讀者理解，才減少數量。

聲源若移動會發生什麼事？

　　那麼為何救護車一開始移動，音調聽起來就會改變？下一頁的圖，表示救護車一邊行駛一邊發出聲音的情況。

　　在原點上，時間 $t=0$ 所產生的聲波，即使聲源移動位置，還是會以波源為中心向外擴散。而 $t=1$ 的聲波產生之後，也一樣會以產生位置為中心向外擴散。

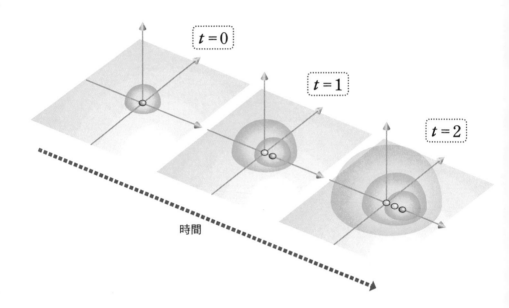

下圖為 $t = 2$ 時的狀態剖面圖。從上面看去，就好像第91頁的圖，不斷移動石子落水位置後所產生的水波狀態。

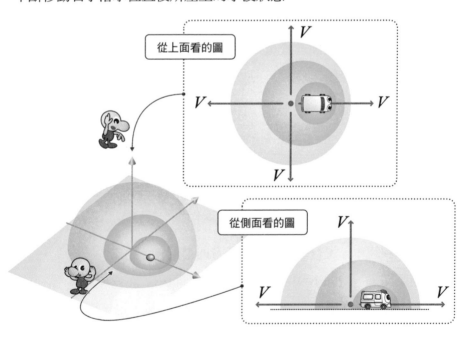

從上面看的圖

從側面看的圖

發生都卜勒效應的原因

讓我們用從側面看的圖，比較「靜止的情況」與「移動的情況」。

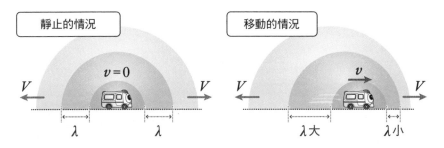

| 靜止的情況 | 移動的情況 |

無論靜止或移動的情況，音速 V 都不會改變。在靜止情況下，聲波如左圖所示，上下左右的波長 λ 間隔都相等。在這種情況下，每秒通過觀測者耳朵的聲波數量會維持不變。

但看到右圖所示的移動情況時，由於發音位置慢慢向前進，造成前進方向的波前間隔較窄（ λ 小），後方間隔較寬（ λ 大）。所以如下圖所示，對位於前方的觀測者來說，聲波會以音速靠近但波長較短，所以耳朵會比平時接收到更多聲波。如果用算式來表示，可以根據 $v=f\lambda$ 寫成以下結果。

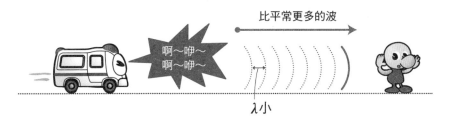

比平常更多的波

λ 小

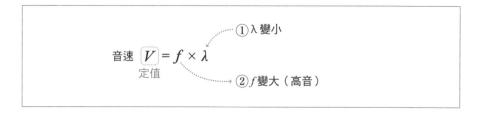

對位於後方的觀測者來說，聲波以音速靠近但波長較長。每個聲波的間隔拉長，所以耳朵聽到的聲波要比平常少。聽起來就是頻率較低的低音。

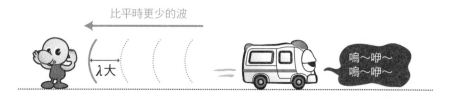

如果用算式來表示，可以根據 $v = f\lambda$ 寫成以下結果。

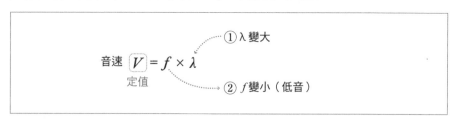

以上就是發生都卜勒效應的原因。

以算式表示都卜勒效應

　　各位是否都理解都卜勒效應了呢？接著我們要以算式來表示都卜勒效應。一般課本可能會寫出很困難的算式，讓很多人看了就想逃。但其實我們根本不需要背那些公式。只要使用後面提到的「都卜勒效應1・2・3」，就能輕鬆推導出都卜勒效應公式。讓我們從「A 聲源靠近的時候」「B 聲源遠離的時候」「C 觀測者靠近聲源的時候」「D 觀測者遠離聲源的時候」四種模式，來列出四種都卜勒公式吧！

聲源靜止時的聲波波長

　　首先我們要確認聲源靜止時的頻率。請看下圖。

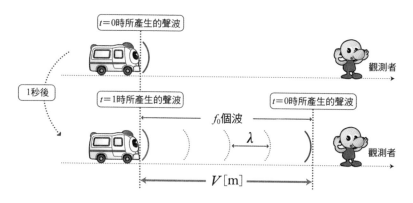

　　此圖表示救護車停止不動時，發出頻率 f_0 的聲音。圖中，於 $t=0$ 時所產生的聲波前（藍色線），在1秒鐘之後就前進了 V[m]。而救護車又不斷以 f_0 [Hz]的頻率產生聲波，所以在一秒後產生的紅色波前與原

本的藍色波前之間（V[m]），塞進了 f_0 個聲波（頻率代表1秒會通過幾個波）。

所以觀測者所聽到的聲波波長（波前與波前的間隔）λ 如下。

$$\lambda = \frac{1秒鐘所產生的波動存在範圍}{1秒鐘所產生的波動數量} = \frac{V\,[\text{m}]}{f_0\,[\text{Hz}]}$$

這個思維的重點，在於畫出1秒後的狀態圖，其中將速度換成「距離」，將頻率換成「波的數量」。

Ⓐ 聲源靠近的時候

接著來探討救護車靠近的時候，其頻率為何。請各位看下圖。

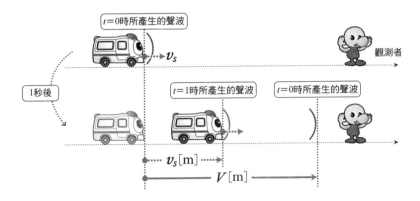

假設救護車一邊發出頻率 f_0 [Hz]的聲波，一邊以定速 v_s [m/s]前進。如上圖所示，以藍色線代表在 $t=0$ 時產生的聲波波前。再看1秒之後的下圖，藍色波前已經從救護車出發的位置移動了 V [m]之多。此時救護車已經往前移動了 v_s [m]，我們以紅線表示救護車在該處所產生的聲波。

救護車每秒依然產生 f_0 個聲波。所以如下圖所示，救護車在1秒內所產生的聲波，應該全都擠在藍線與紅線之間（$V-v_s$）。

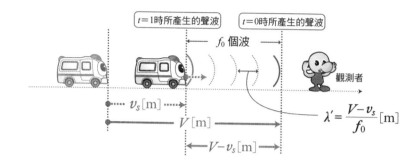

　　如上圖所示，用包含聲波的範圍（$V-v_s$）除以聲波數量 f_0，便得到單一個聲波的波長 λ'。

$$\lambda' = \frac{1秒鐘所產生的波動存在範圍}{1秒鐘所產生的波動數量} = \frac{V-v_s}{f_0} \qquad \cdots\cdots 算式\Ⓐ$$

這就是通過觀測者耳朵的聲波波長。從這算式來看，救護車接近的速度 v_s 愈快，分子就愈小，前方的波長 λ' 也就愈小。再使用 $v=f\lambda$，將 v 代入音速 V，λ 代入 λ'，就得到觀測者所聽到的頻率 f'。

$$f' = \frac{v}{\lambda} = \frac{V}{V-v_s} f_0$$

音速 V　　算式 Ⓐ $\dfrac{V-v_s}{f_0}$

這就是在聲源接近的狀況下，所發生的都卜勒效應公式。從這則公式可以發現，聲源的速度 v_s 愈快，分母（$V-v_s$）就愈小，因此觀測者所聽到的聲音頻率 f' 會更大，聽起來的聲音就更高。我們在日常生活中碰到救護車靠近時，笛聲確實聽起來比平時要高，這是符合生活經驗的。

就像這樣，與其死背都卜勒效應公式，不如先畫圖再列公式還來得更有效。

列公式

Ⓑ 聲源遠離的時候

接著來探討從後方觀測的情況。請看下圖。如圖所示，於 $t=0$ 時所發出的藍色聲波波前，過了1秒鐘之後移動到下圖的位置，而救護車在1秒之後往右移動了 v_s [m]。此時（$t=1$）所產生的聲波以紅線表示。

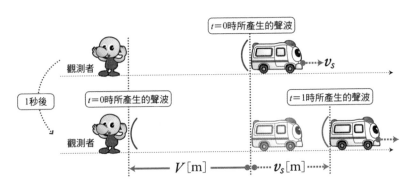

如下圖所示，藍色波前與紅色波前之間（$V+v_s$），應該含有聲源所產生的 f_0 個聲波。

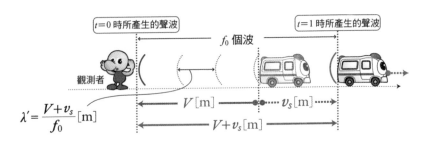

因此後方觀測者所聽到的聲波波長 $λ'$，可以寫成以下算式。

$$λ' = \frac{1秒鐘所產生的波動存在範圍}{1秒鐘所產生的波動數量} = \frac{V+v_s}{f_0} \quad \cdots\cdots 算式 ⑧$$

從這則算式可以發現，救護車的速度 v_s 愈大，分子就愈大，波長 $λ'$ 也會跟著更大。接著我們要來求出觀測者所聽到的聲音頻率 f'。使用 $v=fλ$，將 v 代入音速 V，$λ$ 代入 $λ'$，就能得到以下的結果。

$$\underset{\text{算式 ⑧}\ \frac{V+v_s}{f_0}}{\overset{\text{音速 }V}{f' = \frac{v}{λ}}} = \frac{V}{V+v_s}f_0$$

根據這則算式可以發現，救護車遠離的速度 v_s 愈快，分母就愈大，代表頻率更小，聽起來聲音更低。事實上在救護車遠離的時候，笛音聽起來確實比較低沉沒錯。

觀測者移動也會引發都卜勒效應

我們已經用算式說明，無論救護車靠近或遠離，都會產生聲音的高低變化。但即使救護車靜止不動，觀測者自己移動，聲音聽來也會忽高忽低。

假設我們開車超越一輛靜止不動的救護車。在汽車往救護車前進的時候，我們聽到的聲音較高，而超越了救護車之後，聲音聽起來就比較低。為什麼救護車的聲源沒有移動，卻還是會發生這種現象呢？

首先我們以觀測者的觀點，重新檢討在聲源與觀測者雙雙靜止的情況下，波長 λ 與頻率 f_0 有何關係。

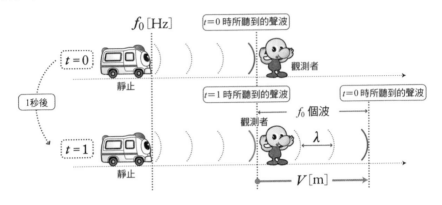

上圖假設觀測者聽到聲音的瞬間為時刻0（$t=0$），以藍色線表示此時的聲波波前，1秒之後則如下圖所示，藍色波前移動了 V [m]。而在 $t=1$ 的瞬間，抵達觀測者位置的聲波波前則以紅色表示。這時候並沒有產生都卜勒效應，所以觀測者所聽到的聲音，就是救護車真正發出的聲音 f_0。也就是在藍色波前與紅色波前之間（V [m]）含有 f_0 個波。根據以上條件，我們可以透過 $v=f\lambda$ 將聲波波長寫成以下的算式。

$$\lambda = \frac{V}{f_0} \qquad \text{……算式①}$$

⒞ 觀測者靠近聲源的時候

接著來考慮救護車靜止不動，觀測者走向救護車時的情況。此時觀測者應該會聽到較高的聲音，也就是頻率較大的聲音。請看下圖。

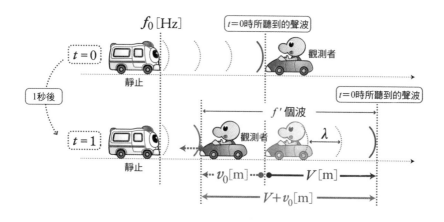

　　觀測者向聲波靠近，所以通過觀測者耳朵的聲波，比靜止的時候更多。上圖中，觀測者於 $t=0$ 時所聽到的聲波以藍色表示。而1秒後的聲波則如下圖所示，往右移動了 V [m]，觀測者則是往左移動了 v_0 [m]。以紅色來標示觀測者於 $t=1$ 之瞬間所聽到的聲波。觀測者在1秒後所聽到的聲波數量 f'，就等於是通過觀測者耳朵的聲波數量，所以只要求出 $V+v_0$ [m]之中有多少聲波就好。假設一個聲波的長度為 λ，則聲波數量如下。

$$f' = \frac{V+v_0}{\lambda} \qquad\qquad \cdots\cdots 算式 ⓒ$$

這裡有個關鍵，即使觀測者移動，聲波波長也不會有變化。我們將算式①的 λ 代入算式 ⓒ，可以得到以下的結果。

$$f' = \frac{V+v_0}{\underset{\substack{\underbrace{\qquad}\\ \frac{V}{f_0} \ 算式①}}{\lambda}} = \frac{V+v_0}{V} f_0$$

仔細看這則算式，可以發現觀測者接近的速度 v_0 愈大，分子就愈大，觀測者聽到的頻率 f' 也就愈大，聲音當然較高。所以觀測者移動的時

候也會發生都卜勒效應。

接著來探討觀測者遠離聲源的情況。下圖表示觀測者以速度 v_0 遠離聲源時,聲波會是什麼情況。

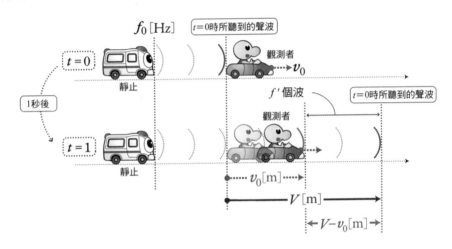

靜止時會通過耳朵的聲波中,有一部分會因為觀測者遠離聲源而無法抵達耳朵。上圖 $t=0$ 時通過觀測者的藍色聲波,如下圖般在1秒後前進了 V [m],而在 $t=1$ 之瞬間抵達觀測者的紅色聲波距離出發點為 v_0 [m],所以1秒之內通過觀測者的聲波,被侷限在 $V-v_0$ [m]的範圍內。因此每秒通過耳朵的聲波數量 f',就等於是 $V-v_0$ 除以聲波波長 λ。

$$f' = \frac{V - v_0}{\lambda} \qquad \cdots\cdots 算式 Ⓓ$$

這個情況下也只有觀測者移動位置，所以救護車所發出的聲波波長 λ 不變。代入第102頁算式①的 λ，可以得到以下結果。

$$f' = \frac{V - v_0}{\lambda} = \frac{V - v_0}{V} f_0$$

$$\frac{V}{f_0} \quad 算式①$$

觀察這則算式，發現觀測者遠離的速度 v_0 愈大，分子就愈小，代表觀測者聽到的頻率 f' 更小，聲音更低。於是我們也能求出遠離時的都卜勒效應。

都卜勒效應總結

● 聲源靠近・遠離 ➡ 聲波波長會產生變化

● 觀測者靠近・遠離 ➡ 通過觀測者耳朵的聲波數量會產生變化

　　　　　　　　　　※聲波波長不會改變

以下整理出都卜勒效應公式，但並不需要死背。

都卜勒效應公式總結

Ⓐ 聲源以 v_s 靠近 ➡ $f' = \dfrac{V}{V - v_s} f_0$

Ⓑ 聲源以 v_s 遠離 ➡ $f' = \dfrac{V}{V + v_s} f_0$

Ⓒ 觀測者以 v_0 靠近 ➡ $f' = \dfrac{V + v_0}{V} f_0$

Ⓓ 觀測者以 v_0 遠離 ➡ $f' = \dfrac{V - v_0}{V} f_0$

救護車與觀測者都在移動的時候

我們已經推導出 Ⓐ ～ Ⓓ 四種形式的都卜勒效應公式。那如果聲源和觀測者都在移動，又會如何呢？

 「什麼！兩邊都動！感覺很難的樣子……」

那我們就把四種都卜勒效應搭配起來研究吧。

聲源與觀測者互相靠近的時候

如下圖所示，救護車以速度 v_s 接近觀測者，觀測者也以速度 v_0 接近救護車。我們來求求看觀測者所聽到的頻率 f'。

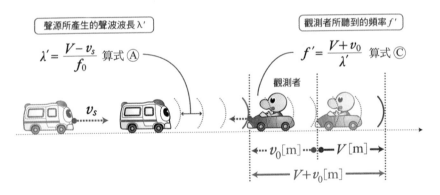

聲源所產生的聲波波長 λ'

$$\lambda' = \frac{V - v_s}{f_0} \text{ 算式 Ⓐ}$$

觀測者所聽到的頻率 f'

$$f' = \frac{V + v_0}{\lambda'} \text{ 算式 Ⓒ}$$

觀測者

$v_0\text{[m]} \cdots V\text{[m]}$

$V + v_0\text{[m]}$

由於聲源以速度 v_s 接近，所以聲波波長 λ' 會比靜止時的波長要短。我們以「Ⓐ 聲源靠近的時候」來考慮此時的波長，結果如下。這波長 λ' 的波將會傳到觀測者耳中。

$$\lambda' = \frac{V - v_s}{f_0} \qquad \cdots\cdots 算式\,Ⓐ\,（參考第99頁）$$

接著參考「Ⓒ 觀測者靠近聲源的時候」，將觀測者耳朵所收到的聲波波長 λ' 代入算式中，會得到以下的頻率 f'。

$$f' = \frac{V + v_0}{\lambda'} \qquad \cdots\cdots 算式\,Ⓒ\,（參考第103頁）$$

將算式Ⓐ的 λ' 代入算式Ⓒ，就得到觀測者最終能聽到的頻率 f'。如下。

$$f' = \frac{V + v_0}{\lambda'} = \frac{V + v_0}{V - v_s} f_0$$
$$\underset{\frac{V - v_s}{f_0}\ 算式\,Ⓐ}{}$$

觀察這則算式，可以發現救護車靠近的速度 v_s 愈大，分母就愈小，造成頻率 f' 變大。而觀測者的靠近速度 v_0 愈大，分子就愈大，頻率 f' 也愈大。可見無論 v_0 或 v_s 變大，頻率 f' 都會增加，所以互相靠近就會聽到更高的聲音。

聲源與觀測者互相遠離的時候

接著來探討救護車以速度 v_s，觀測者以速度 v_0 互相遠離的情況。

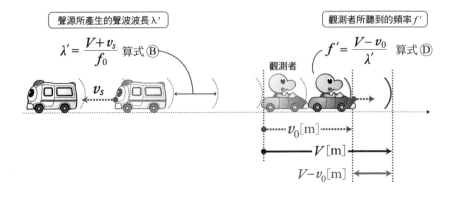

由於聲源以速度 v_s 遠離，所以聲波波長會變大。此時的波長 λ' 可參考「**B** 聲源遠離的時候」，如下。

$$\lambda' = \frac{V + v_s}{f_0} \qquad \cdots\cdots \text{算式 B}\,(\text{參考第101頁})$$

這就是觀測者聽到的波長 λ'。

而觀測者所聽到的頻率 f' 呢？由於觀測者遠離聲源，所以觀測者耳朵所收到的聲波數量比平時要少。現在聲波波長為 λ'，參考「**D** 觀測者遠離聲源的時候」，結果如下。

$$f' = \frac{V - v_0}{\lambda'} \qquad \cdots\cdots \text{算式 D}\,(\text{參考第104頁})$$

將算式 **B** 的 λ' 代入算式 **D** 中，得到觀測者所聽到的頻率 f' 如下。

$$f' = \frac{V - v_0}{\lambda'} = \frac{V - v_0}{V + v_s} f_0$$

$$\underset{\frac{V + v_s}{f_0}}{} \quad \text{算式 D}$$

觀察這則算式，我們可以發現，救護車遠離的速度 v_s 愈快，分母

就愈大，代表頻率 f' 更小。而觀測者遠離的速度 v_0 愈快，分子就愈小，代表頻率 f' 更小。由此可見兩者互相遠離的時候，頻率會更小，聲音聽起來會更低。

　　至此，我們終於完成了各種情況下的都卜勒效應公式。

都卜勒效應1・2・3

　　這部分有些困難，不知各位是否跟得上？請用心理解前面所介紹的公式推導過程。要提醒各位的是，大學學測經常會出現使用都卜勒效應去解題的考題喔。

　　如果考題必須以都卜勒效應公式解題，只要使用以下的三步驟解法，任何人都能輕鬆列出公式了。

● 都卜勒效應1・2・3

①聲源畫上（ 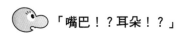 ），觀測者畫上（ 👂 ）

②👄 對著 👂 唱出音速V的歌

③代入 $f'= f_0 \dfrac{👂}{👄}$

（為了在帶入式子時不要出錯，請以「嘴巴是在耳朵之下」這樣的方式來記憶吧！）

　　「嘴巴！？耳朵！？」

　　讓我們透過實際的練習題，來學習三步驟公式寫法吧！

假設救護車一邊發出頻率 f_0 的聲音，一邊以速度 v_s 靠近。請求出此時觀測者所聽到的聲音頻率 f'。令此時音速為 V。

【解答與解說】

①聲源畫上（ 👄 ），觀測者畫上（ 👂 ）

　　首先如下圖所示，根據問題內容畫圖。所以在聲源（救護車）下面畫嘴巴，在觀測者（人）下面畫耳朵。

② 👄 對著 👂 唱出音速 V 的歌

　　嘴巴開始唱歌了！如下圖所示，聲源與觀測者的位置上，都拉出一條音速V，從嘴巴往耳朵的方向前進。

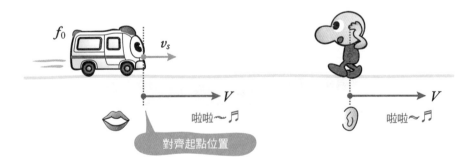

對齊起點位置

啦啦～♫

啦啦～♫

這裡有個重點，拉出音速 V 的起點位置，必須與聲源或觀測者的速度起點位置對齊。另外，音速 V 為340m／s，速度相當快，所以音速 V 的箭頭一定要比聲源或觀測者的速度箭頭更長。

③代入 $f' = f_0 \dfrac{\text{👁}}{\text{👄}}$

從圖中找出 👄（聲源）與 👁（觀測者）各自的速度箭頭與音速 V 箭頭有多少「長度差距」，並將之代入 $f_0 \dfrac{\text{👁}}{\text{👄}}$ 中。

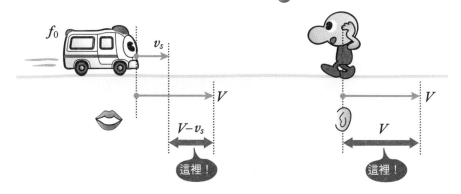

觀察上圖中的箭頭長度差距，發現 👄 是 $V - v_s$，👁 是 V。將兩組長度差距代入 $f_0 \dfrac{\text{👁}}{\text{👄}}$，可以得到以下結果。

$$f' = \frac{\text{👁}}{\text{👄}} f_0 \quad \Rightarrow \quad f' = \frac{V}{V - v_s} f_0$$

大功告成！請比較第99頁「🅐 聲源靠近的時候」所求出的公式。是不是一模一樣呢？

每個人的嘴巴都在耳朵下面，所以絕對不會搞錯代入的位置。接著讓我們再練習一題。

　　假設救護車一邊發出頻率 f_0 的聲音，一邊以速度 v_s 往左邊移動。觀測者則以速度 v_0 往右邊移動。請問此時觀測者所聽到的聲音頻率 f' 為何？設此時音速為 V。

練習問題 2   exercise

【解答與解說】

①聲源畫上（  略 ），觀測者畫上（ 略 ）

先畫圖，在聲源（救護車）下面畫嘴巴，在觀測者（人）下面畫耳朵。

② 略 對著 略 唱出音速 V 的歌

　　聲源與觀測者一定要各畫一條音速 V 箭頭。並且請記住，音速 V 的起點要對齊聲源與觀測者的速度箭頭起點。

③代入 $f' = f_0 \dfrac{\text{👄}}{\text{👄}}$

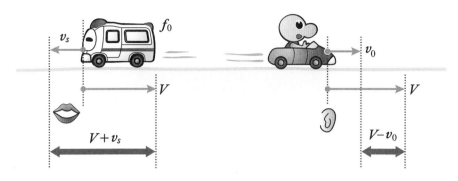

　　觀察上圖的箭頭長度差，得知 👄 是 $V + v_s$，👂 是 $V - v_0$。代入之後得到以下的結果。

$$f' = \dfrac{\text{👂}}{\text{👄}} f_0 \quad \Longrightarrow \quad f' = \dfrac{V - v_0}{V + v_s} f_0$$

　　大功告成。請比較第107頁「聲源與觀測者互相遠離的時候」所求出的公式。是不是一模一樣呢？

　　就像這樣，只要使用「都卜勒效應1・2・3」來畫圖，任何人都能輕鬆列出都卜勒效應公式。

都卜勒效應的應用

在考都卜勒效應的時候，經常會出現以下三種應用題。

A 有牆壁的時候
B 聲源斜著靠近的時候
C 有風吹的時候

這些問題又該如何解決呢？讓我們依序來探討吧。

A 有牆壁的時候

練習問題 **3**　　　　　　　　　　　　　　　　　　　　exercise

如下圖所示，救護車一邊發出頻率 f_0 的聲音，一邊以速度 v_s 往右邊移動。同時有卡車以速度 v_t 對著救護車往左邊移動。觀測者站在救護車與卡車之間。

喔～咿～　f_0　直接音　反射音　左　v_s　右　v_t

觀測者同時聽到兩種聲音，亦即「直接從救護車傳來的直接音 $f_{直接}$」，和「救護車笛聲被卡車車頭反射回來的反射音 $f_{反射}$」。請求出此時的反射音頻率 $f_{反射}$。令此時音速為 V，且 V 遠大於 v_s 和 v_t。

【解答與解說】

　　這就是經常考的牆壁（在這裡是卡車）反射音問題。直接音 $f_{直接}$ 可以用之前的方法來求出。（參考「Ⓐ 聲源靠近的時候」）

$$f_{直接} = \frac{V}{V - v_s} f_0 \qquad \cdots\cdots 算式①$$

　　反射音 $f_{反射}$ 是救護車笛聲撞到移動中的卡車（之後都稱為「牆」），才反射到觀測者耳中。這時候該如何解題呢？

　　讓我們分兩個階段來求都卜勒效應。我將它取名為「牆有耳，牆有口解法」。

STEP ① 牆有耳

　　首先求出牆壁所聽到的頻率。假設你現在是牆壁（卡車），就先在救護車底下畫 👄，牆壁底下畫 👂。

根據「都卜勒效應1・2・3」，求出牆壁聽到的頻率 $f_牆$ 如下。

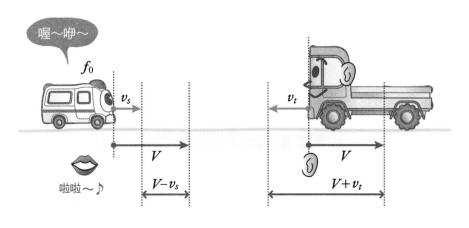

$$f_牆 = \frac{V + v_t}{V - v_s} f_0 \qquad \cdots\cdots 算式②$$

（參考「聲源與觀測者互相靠近的時候」）

STEP 2 牆有口

　　接下來，觀測者會聽到牆壁所反射的聲波 $f_牆$。在牆壁下面畫 👄，觀測者下面畫 👂。

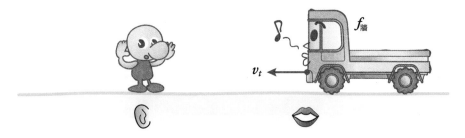

　　根據「都卜勒效應1・2・3」，觀測者所聽到的聲音頻率 $f_反射$ 如下。

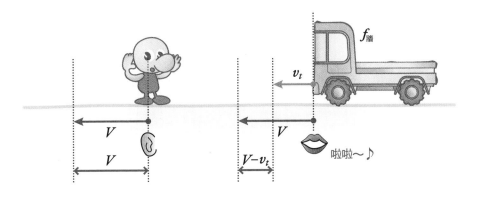

$$f_{\text{牆}} = \frac{V}{V - v_t} f_{\text{牆}} \qquad \cdots\cdots 算式③$$

將算式②的 $f_{\text{牆}}$ 代入算式③中，求出觀測者所聽見的反射音頻率 $f_{\text{反射}}$ 如下。

$$f_{\text{反射}} = \frac{V}{V - v_t} \overbrace{\boxed{\frac{V + v_t}{V - v_s} f_0}}^{f_{\text{牆}}} \qquad \cdots\cdots 算式④$$

雖然很長一串，但這就是正確答案。像這種有牆壁的情況，請先用步驟1求出牆聽到的聲音，再用步驟2讓牆說出自己聽到的聲音，分兩步驟來求出反射音。

低鳴

　　這裡要介紹一個經常與牆壁搭配出題的問題——「低鳴」。低鳴現象，就是當人同時聽到兩個頻率稍有差別的聲音時，聲音聽起來會忽大忽小，聽起來就像「嗡嗡」響。

請看下圖。如果將400Hz的聲音，和頻率稍微不同的405Hz聲音相加，就會變成……

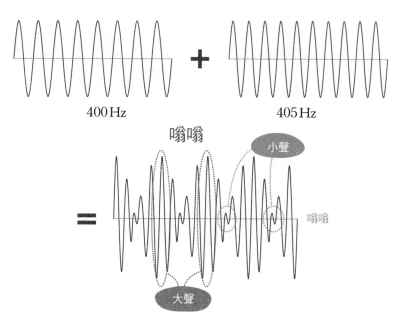

400 Hz ＋ 405 Hz

嗡嗡

小聲

＝ 嗡嗡

大聲

聲音相加的結果，是互相錯開了一些。可以發現振幅劇烈振動的部分（聲音較大的部分），與振幅輕微振動的部分（聲音較小的部分），會依一定間隔反覆出現。

所以聽起來就像是時大時小的「嗡嗡」聲，這種現象就稱為「低鳴」。我們可以用兩組聲音的頻率差，求出一秒鐘內出現的低鳴次數。

公式 $\qquad$ 低鳴$=f_{大}-f_{小}$

以這個例子來說，就是

$$405-400=5$$

所以一秒鐘會聽到五次低鳴。

當我們聽到來自牆壁的反射音，直接音與反射音之間會引發都卜勒效應，使得頻率稍有出入。所以觀測者站在直接音與反射音之間時，就會聽到「低鳴」。低鳴次數的公式如下：

$$低鳴 = f_{反射} - f_{直接}$$
$$(公式④) \qquad (公式①)$$

B 聲源斜著靠近的時候

如下圖，假設飛機發出頻率 f_0 的聲音，以速度 v_s 飛過觀測者頭上仰角 θ 度的位置。像這種聲源斜著靠近的情況，應該要如何來探討都卜勒效應呢？

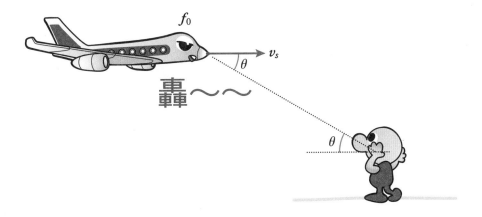

都卜勒效應，取決於聲源靠近或遠離觀測者的速度成份。所以我們要將飛機的速度，分解為「向著觀測者的成份」和「其他成份」來做探討。

如下一頁圖所示，先將速度 v_s 分解為兩個成份，也就是朝向觀測者的速度 $v_s \cos \theta$，以及前進方向與觀測者無關的 $v_s \sin \theta$。

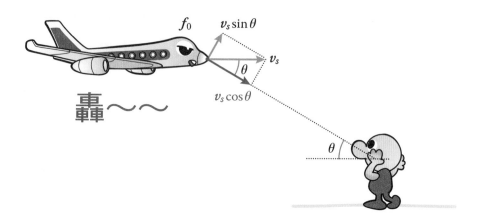

其中的 $v_s \cos \theta$ 速度成份與都卜勒效應有關。根據「都卜勒效應 1．2．3」求出觀測者所聽到的頻率 f'，結果如下。

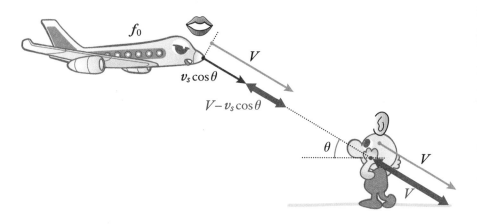

$$f' = \frac{V}{V - v_s \cos \theta} f_0$$

像這種聲源斜著靠近的情況，請先以直線連接聲源與觀測者，擷取出與都卜勒效應有關的速度成份，再使用「都卜勒效應1．2．3」。

還有一種問題，是探討風中的都卜勒效應。如果沒有起風，聲音的速度與之前一樣都是 V（約340m/s）。

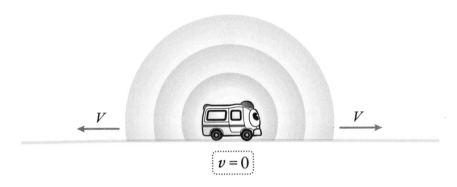

聲音的介質是空氣粒子，而風則是「空氣粒子的整體動態」。所以一起風，傳遞聲音的所有空氣粒子都會移動，這當然就會影響音速。我們來考慮如下圖所示，風以速度 ω 往右吹的情況。

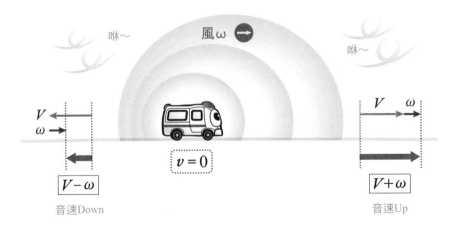

風往右吹，幫助聲波前進，所以右邊的音速會提升為 $V+\omega$。左邊的音速 V 則是受到風速阻擋，會降低為 $V-\omega$。可見風是會影響音速的。

在這個前提下，讓我們來考慮「受到風力影響的都卜勒效應」。如下圖所示，風往右邊吹，救護車以速度 v_s 往觀測者靠近。此時要畫出「都卜勒效應1・2・3」步驟2的音速箭頭，必須將音速改成「$V+\omega$」。因為在這個情況下，風向與聲波方向相同。

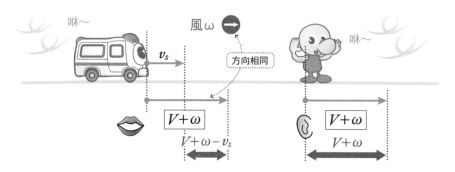

所以此時的都卜勒效應如下。

$$f' = \frac{\boxed{V+\omega}}{\boxed{V+\omega} - v_s} f_0$$

如果風反過來往左邊吹，音速就如下圖所示，變成「$V-\omega$」。

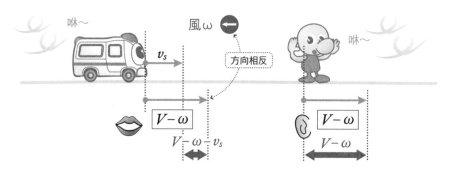

所以有風吹的時候，請觀察風向與聲波方向，先將風的影響套入音速之中，再來列出都卜勒效應公式。接著讓我們來挑戰大學學測考題吧。

如圖所示，救護車一邊發出頻率 f_0 的笛聲，一邊以速度 v 直線前進。位於直線上A點之觀測者，會隨著救護車靠近或遠離，聽到不同頻率的笛聲。令此時音速為 V，並且沒有起風。

問1 在時刻 0 通過位置 x_0 的救護車，於時刻 t 到達位置 x_1。請問以下①～④的選項中，哪一個是救護車於 x_0 發出的聲波，於時刻 t 在地表所形成的波前？

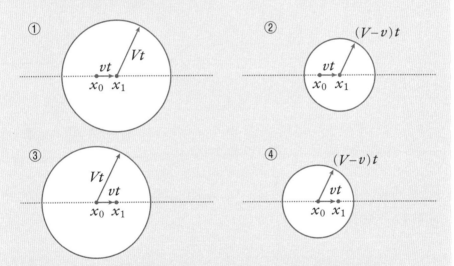

問2 假設救護車接近觀測者時，A點觀測者所聽到的笛聲頻率為 f_1；救護車遠離觀測者時，所聽到的笛聲頻率為 f_2。請從以下①～④的選項中，選出 f_1 與 f_2 的正確頻率比。

① $\dfrac{V^2+v^2}{V^2-v^2}$　　② $\dfrac{V+v}{V}$　　③ $\dfrac{V+v}{V-v}$　　④ $\dfrac{V}{V-v}$

2006年度 日本大學學測考題 （修改版）

問題1 問題內容提到的「於 x_0 發出的聲波」這部分請特別畫線。聲音就像在水面扔石子，會以發生聲波的位置（波源）為中心，呈現圓形擴散。救護車的動態與音速都不會影響這個事實。所以於 x_0 發出的聲波會如下圖所示，以 x_0 為中心，在 t 秒之後擴張為半徑 Vt 的圓。在這段時間中，救護車也移動了 vt 的距離。所以答案是③。

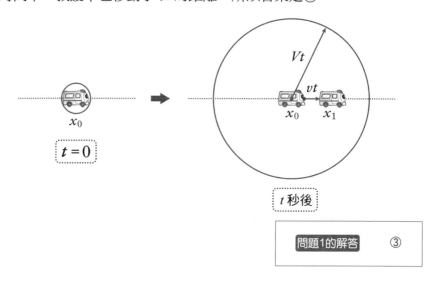

| 問題1的解答 | ③ |

問題2 根據「都卜勒效應1・2・3」，求出當救護車靠近時所聽到的聲音頻率 f_1，結果如下。

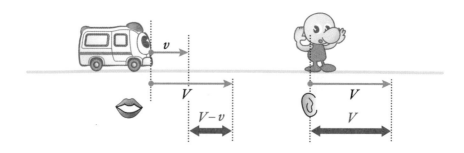

$$f_1 = \frac{V}{V-v} f_0 \qquad \cdots\cdots 算式①$$

同樣以「都卜勒效應1‧2‧3」求出遠離時的頻率 f_2，結果如下。

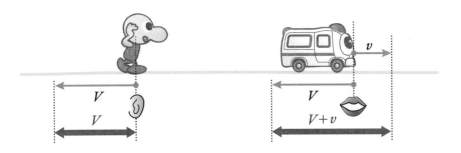

$$f_2 = \frac{V}{V+v} f_0 \qquad \cdots\cdots 算式②$$

根據算式①、算式②，求出 $\dfrac{f_1}{f_2}$ 如下。

$$\frac{f_1}{f_2} = \frac{V+v}{V-v} \qquad \cdots\cdots 算式③$$

問題2的解答　　③

只要使用「都卜勒效應1‧2‧3」，問題就迎刃而解。讓我們再解一題都卜勒效應問題吧。

　　某個聲源以速度 v 向著垂直牆壁前進。聲源對前後都發出頻率 f 的聲波。令音速為 V。

問1 請問到達牆壁的聲波波長為何？從以下①～⑥的選項中選出正確答案。

① $\dfrac{V}{f}$　② $\dfrac{V+v}{f}$　③ $\dfrac{V-v}{f}$　④ $\dfrac{V}{2f}$　⑤ $\dfrac{V+v}{2f}$　⑥ $\dfrac{V-v}{2f}$

問2 假設 $v = 6\text{m/s}$，$f = 200\text{Hz}$，$V = 336\text{m/s}$。請問站在聲源後方的觀測者，聽到來自牆壁的反射聲波頻率為何？從以下①～⑤的選項中選出最接近的答案。

① 192　② 196　③ 200　④ 204　⑤ 208

問3 假設 v、f、V 的值與問題2相同。觀測者聽到牆壁傳來的反射聲波，以及聲源直接傳來的聲波，兩者重疊產生低鳴。請問每秒低鳴次數有幾次？從以下①～⑤的選項中選出最接近的答案。

① 2　② 4　③ 7　④ 10　⑤ 12

1999年度 日本大學學測考題 （修改版）

問題1 首先畫出示意圖。

　　抵達牆壁的聲波波長 λ'，代表將牆壁當成觀測者時，牆壁所聽到的波長。我們在牆上畫耳朵，想像自己是牆壁。根據「都卜勒效應1‧2‧3」求出牆壁所聽到的聲波頻率 $f_牆$ 如下。

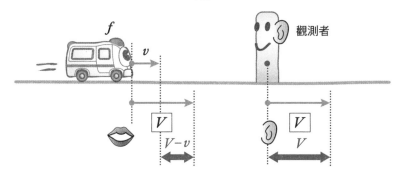

$$f_牆 = \frac{V}{V-v} f \qquad \cdots\cdots算式①$$

將速度（音速 V）與頻率（算式①的 $f_牆$）代入 $v=f\lambda$，求出牆壁所聽到的聲波波長 λ' 如下。

$$V \cdots\cdots\qquad f = \frac{V}{V-v} f \text{ 算式①}$$

$$v = f\lambda'$$

求得 λ' 為（算式）　　　　$$\lambda' = \frac{V-v}{f}$$

要使用「都卜勒效應1・2・3」來解題時，請先求出觀測者聽到的頻率，再代入 $v=f\lambda$ 來求出波長。

| 問題1的解答 | ③ |

問題2 先畫出示意圖。

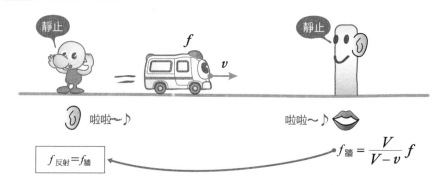

問題1中，牆壁所聽到的聲音頻率 $f_{牆}$，反射到觀測者耳中。此時的聲源（牆壁）與觀測者都靜止不動，所以不會發生都卜勒效應，觀測者聽到的頻率，就等於牆壁聽到的頻率 $f_{牆}$。將問題所給的數值代入算式①，得到以下結果。

$$f_{反射} = f_{牆} = \frac{V}{V-v}f = \frac{336}{336-6} \times 200 = 203.6$$

因此最接近203.6Hz的選項是④204Hz。

| 問題2的解答 | ④ |

問題3 觀測者所聽到的聲音，包含來自牆壁的反射音，以及直接傳入耳朵的直接音。問題2已經求出了反射音，所以只要求直接音 $f_{直接}$ 即可。

根據「都卜勒效應1‧2‧3」，在觀測者下面畫 👂，聲源下面畫 👄，可得到以下結果。

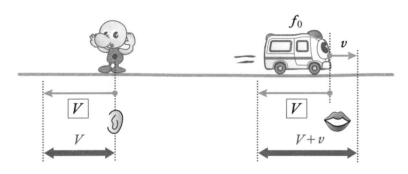

$$f_{直接} = \frac{V}{V+v} f_0$$

代入數值後得到

$$f_{直接} = \frac{336}{336+6} \times 200 = 196.4$$

低鳴次數等於直接音與反射音的頻率差，所以用頻率較高的反射音減去頻率較小的直接音。

$$低鳴 = f_{反射} - f_{直接} = 7.2$$

因此最接近的人答案是選項③。

*審訂者註：還有另一種情形為（ $f_{反射} - f_{直接} = 0$ ）

問題3的解答　　　③

第三堂課總結

● 都卜勒效應會出現以下兩種考題 ●

1 推導都卜勒效應公式的考題 （請確認97頁開始的推導方法，了解「破題方向」）

2 使用都卜勒效應公式的考題 （使用「都卜勒效應1・2・3」來解題）

● 都卜勒效應1・2・3 ●

❶ 聲源畫上口（ 👄 ），觀測者畫上耳朵（ 👂 ）

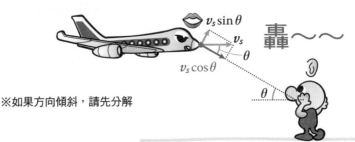

$v_s \sin\theta$

v_s

θ

$v_s \cos\theta$

轟～～

※如果方向傾斜，請先分解

---

❷ 👄 對著 👂 唱出音速 V 的歌

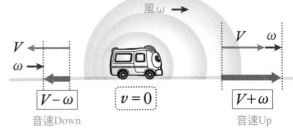

風 ω →

V ← $\quad$ V → ω →

ω →

$\boxed{V-\omega}$ $\quad$ $\boxed{v=0}$ $\quad$ $\boxed{V+\omega}$

音速Down $\qquad\qquad\qquad$ 音速Up

※如果有起風，請考慮風速影響

❸ 代入 $f' = \dfrac{👂}{👄} f_0$

第四堂課

閃閃發亮
光的干涉

肥皂泡總是五彩繽紛，但肥皂水卻透明無色。透明液體變成泡泡飄向空中就會閃閃發光，這是因為光具有波動性質的緣故。這種現象與波的性質④「干涉」密不可分。這堂課，我們就要來學習光的波動性質。

光的基礎知識

讓我開門見山地說，光是一種橫波，被稱為電磁波。光的移動速度非常驚人，一秒就能跑30萬公里（繞地球七圈半！）而且絕對不會停止，永遠保持移動。很神奇吧！

光具有「波的性質」。如果光是波動，那又是靠什麼介質來傳遞的呢？即使在接近真空的宇宙空間中，光還是能自由傳遞。例如陽光就能傳遞到地球上。什麼都沒有，為何波還能傳遞？其實光的介質，就是空間本身。

我們所看見的光，其實是「電磁波」之中的一部分。下一頁的圖表示電磁波波長與顏色的關係。波長介於400nm～700nm之間的光稱為可見光，也是大腦能判別顏色的波長範圍。

電磁波的波長與顏色

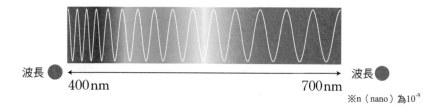

波長 ⬤ ←——————————————→ 波長 ⬤
400 nm   700 nm

※n（nano）為10^{-9}

　　當然有些電磁波的波長更大或更小，但我們的眼睛看不到。不過有些動物可以看到與人類不同的波段。

　　請記住一點，上圖中光波長由長到短，就是彩虹七色的紅、橙、黃、綠、藍、靛、紫，這個順序一定要記住。另外各位是否發現，裡面沒有白與黑？其實各種光混合在一起，就是白光。

　　平時我們所看到的陽光、日光燈等白光，就是由各種波長（顏色）的電磁波所組成的。

　　當陽光照射到物體，反射部分光線，被我們的眼睛所接收，大腦就會判斷出物體的形狀與顏色。例如，假設我們看到了某個「黃色」的物體，其實這個物體就是如下一頁的插圖所示，是陽光照射到物體後，除了黃光之外，所有光線都被物體吸收，只反射出黃光的緣故。

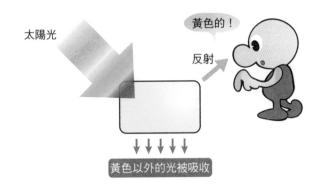

太陽光

反射

黃色的！

黃色以外的光被吸收

　　至於沒有反射光的時候，我們就會看成黑色。看見黑色，代表所有光線都被吸收了。所以黑色物體能夠吸收較多光能，也比較保暖。

光也會變慢!？ 折射率就是縮減率

 「睡過頭了！要遲到了！」

　　你急著從家裡出發。如果路上沒人，跑起來當然暢行無阻，但到了車站附近，人潮洶湧，就是想跑也跑不起來。光在什麼都沒有的真空環境中，速度大約是30萬km/s。但是一進入高密度的物質中，速度也會大幅降低。請看下圖。

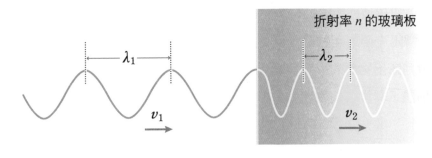

折射率 n 的玻璃板

λ_1

λ_2

v_1

v_2

此圖表示光線從真空進入玻璃板之後的波長變化。入射前後的頻率 f 並不會改變，但速度卻會降低。根據 $v=f\lambda$，得到以下結果。

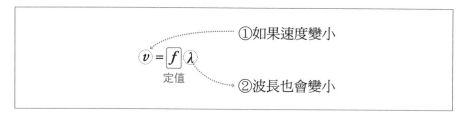

可見當速度降低，波長就會變短。假設光線的速度（或波長）成為真空中的幾分之一，這個比例稱為絕對折射率 n（之後簡稱為「折射率」）。

假設入射前的波長為 λ_1，玻璃板的折射率為 n，則入射後的速度 v_2 與波長 λ_2 可以寫成以下的結果。

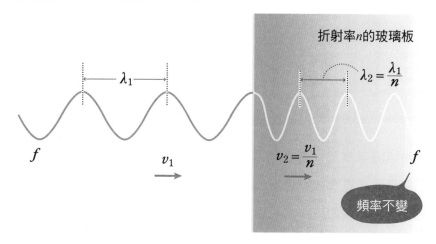

如果一道光在真空中的波長 λ_1 為10m，射入折射率 n 為2的玻璃板中，我們就知道波長會變成真空中的一半，5m（$\lambda_2=\dfrac{10}{2}$）。請記住，折射率就是波長的「縮減比例」或者「縮減率」。

光的反射

　　光具有波動的性質，如波的性質②「反射」（第38頁）所說明的一樣，光當然也會反射。下圖表示電燈泡發光，被鏡子反射的情況。

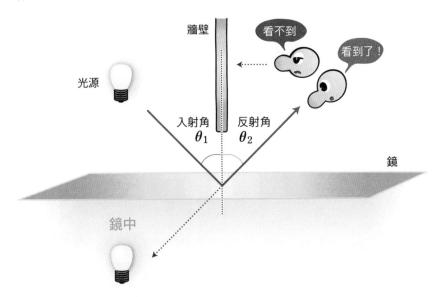

　　雖然隔著牆壁，無法直接看見燈泡，但透過下面的鏡子反射光線，還是能看見那裡有燈泡。如上圖所示，光線反射時，反射面垂線與光線入射方向的夾角（入射角），就等於光線反射之後的夾角（反射角）。

反射定律

$$入射角\ \theta_1 = 反射角\ \theta_2$$

光的折射

　　由於光有波動的性質，因此也會發生波的性質③「折射」（第42頁）。我們來看看光射入玻璃面的情況。請看下圖。

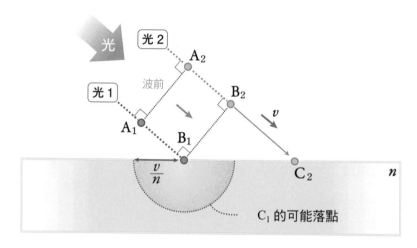

C_1 的可能落點

　　圖中的光1、光2都來自同一道光，表示光的移動方向。波的性質1「圓形波」（第36頁）已經說明過，光的行進方向永遠與波前垂直。光1與光2維持與波前垂直的方向，射入玻璃板中。進入玻璃板的瞬間，波前B_1-B_2的行進方向依然與光1、光2的波前垂直。之後光2的B_2以光速 V 抵達C_2。光1的B_1也想以光速 V 前進，但撞進了縮減率（折射率）n 的玻璃之中，速度降為 $\frac{v}{n}$。所以如圖所示，光1的下一點C_1，可能出現在以B_1為中心，半徑 $\frac{v}{n}$ 的藍色半圓範圍內某處。

　　光1與光2是同樣的光，所以在玻璃中，兩者形成的波前依然與波的行進方向垂直。因此我們如下一頁的圖所示，從C_2 拉一條線，切過光1之C_1的可能存在範圍（藍色半圓）。

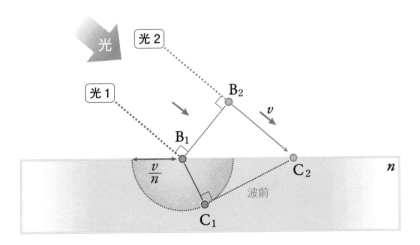

如果C_1就在圓的切點上，那麼C_1與C_2所形成的波前（圖中的虛線）就依然垂直於光的行進方向（因為圓的切線，會垂直於圓心與切點連成的線段）。光線進入玻璃後，依然要滿足波前與行進方向垂直的條件，所以會產生彎曲。

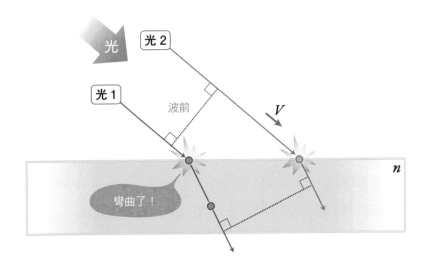

折射公式

如下圖所示，假設上面的物質折射率為 n_1，下面的物質折射率為 n_2，入射角 θ_1，折射角 θ_2。那麼折射前的速度 v_1 與波長 λ_1，以及折射後的速度 v_2 與波長 λ_2 之間，將成立以下的關係式。

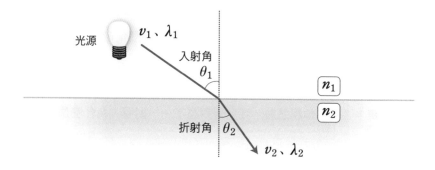

公式

$$\frac{\sin\theta_1}{\sin\theta_2} = \frac{v_1}{v_2} = \frac{\lambda_1}{\lambda_2} = \frac{n_2}{n_1}$$

請記住這則公式。如下圖所示，以水面為分數符號，就可以分別寫成「$\frac{上}{下}$」的三組分數。要注意的是，其中只有折射率的分子與分母上下相反。

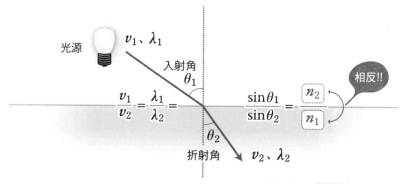

在文末附錄①「全反射」之中，將說明光線無法進入介質的「全反射」現象。到時請一併參考此處。

光是粒子？還是波？

以上是光的基礎知識。接著我們要用之前學到的波動性質，來探討光的干涉。我們剛剛說過「光是波」，但我們究竟根據什麼理由來判斷光是波呢？

「咦！？因為你說是波，我就覺得是了……對喔，為什麼是波呢？」

讓我來介紹一位名叫托瑪斯‧楊（Thomas Young）的科學家，他曾經以實驗證明光是波。

如右圖所示，楊氏準備了兩片有狹縫（小縫隙）的板子，將光射入狹縫中，然後投射在後方的光屏上。各位認為光屏上會出現怎樣的光線呢？

如果光是類似棒球的粒子，就代表有許多光球飛向狹縫。而光球通過狹縫之後，應該會衝撞光屏，在光屏上顯示如下一頁左圖的兩道光線。

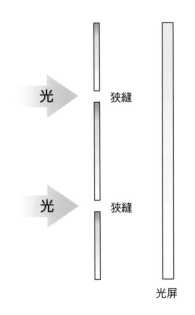

光　狹縫

光　狹縫

光屏

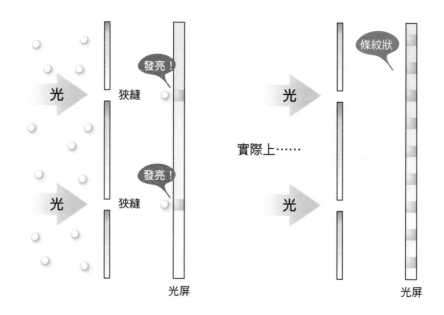

但實際進行實驗之後，卻觀測到上圖右側的許多光線條紋。

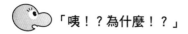「咦！？為什麼！？」

如果光是粒子，就無法說明這個現象。但如果光是波，就能說明條紋現象了。

二維干涉

接著讓我們回頭看波的性質，來解開條紋之謎。根據波的性質①「圓形波」所示，波會以波源為中心呈現圓形擴散。下一頁的圖，是第一堂課將石子扔進水面之後，水波擴散的狀況。

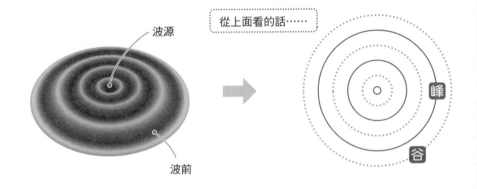

波源

從上面看的話……

波前

峰

谷

右圖是「從上面看的狀態」，其中以實線表示波峰，虛線表示波谷。接著我們拿兩顆石子，同時扔往水面，讓它們的落水位置稍微錯開。這樣會產生兩道波。

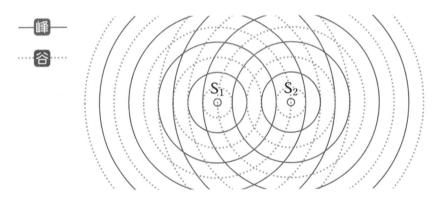

峰

谷

S_1　S_2

當波重疊就會發生波的性質④「干涉」。從圖中可以發現，兩道波「峰與峰」、「谷與谷」、「峰與谷」等不同位置會發生重疊。下一頁的上圖左，就是用電腦描繪出兩道波重疊的狀態。

「哇！好怪的圖案！」

如果仔細看這張圖，就可以畫出右圖的區分線，分為水波激烈振動的位置（隆起或凹陷的部分），以及完全沒有波動的位置。

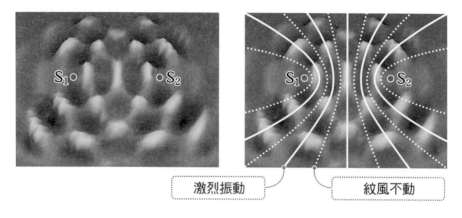

激烈振動　　　紋風不動

　　無論時間經過多久，這些「激烈振動的位置」和「紋風不動的位置」都不會改變。也就是說，激烈振動的位置會隨著時間變成高峰或深谷，上下劇烈振動。而紋風不動的位置，無論哪個時間都一樣不會動。跟駐波很相似吧！

　　接著我們來探討看看，為什麼激烈振動的位置（相當於駐波的「波腹」）和紋風不動的位置（「波節」），會出現在這些位置上？請看下圖。

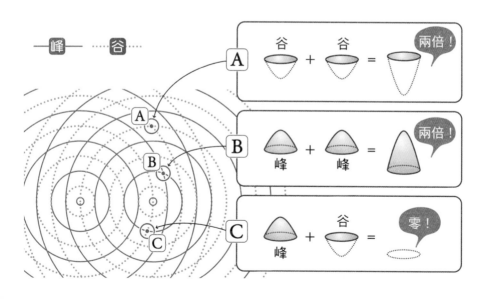

圖 A 表示，虛線（谷）與虛線（谷）重疊的位置會相長，形成兩倍深的「波谷」。圖 B 表示，實線（峰）與實線（峰）重疊的位置會相長，形成兩倍高的「波峰」。圖 C 表示，實線（峰）與虛線（谷）重疊的位置會是相消的（波互相抵消），以致完全沒有振動。

　　接著我們在「相長」的部分，也就是「實線與實線」、「虛線與虛線」重疊的部分標上 ◎ 標誌；在實線與虛線重疊的「相消」位置，則標上 ○ 標誌。

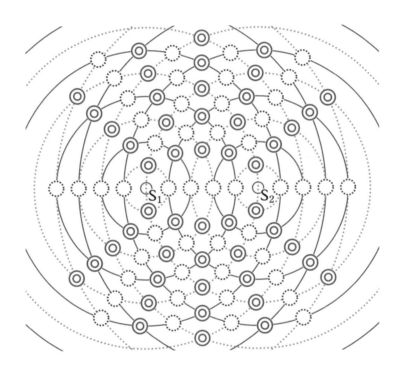

　　如果以紅色實線連接相長的 ◎，以藍色虛線連接相消的 ○，就會形成下一頁的上圖左。比較圖右的電腦模擬圖案，就發現相長線與相消線的位置相同。這神奇的線條圖便是如此而來的。

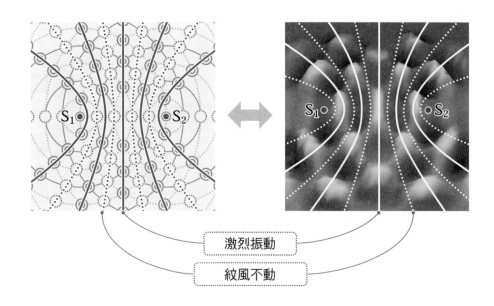

激烈振動

紋風不動

光具有波的性質

請記住這個圖案，再來討論楊氏實驗的條紋圖。假設光具有波的性質。現在有光波如右圖般照過來，並靠近了狹縫。

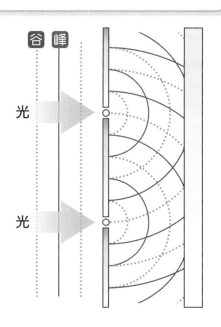

谷 峰

光

光

當光波分別通過兩道狹縫，就會像通過堤防空隙的水波，以狹縫為波源產生圓形波（繞射）。然後兩個狹縫所產生的圓形波互相重疊，就引起干涉。於是就如右圖所示，形成光波相長（即產生建設性干涉）的線條（紅實線）與光波相消（即破壞性干涉）的線條（藍虛線）。

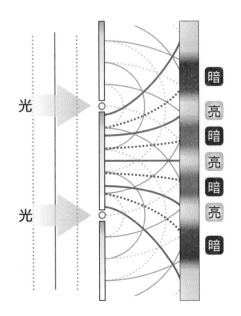

光

光

暗
亮
暗
亮
暗
亮
暗

相長的光照在光屏上，就會反射出亮光。相消的光照在光屏上，則不會發亮。所以觀察光屏上的反射光，才會看到亮、暗、亮、暗的條紋。

光必須是波，才能說明楊氏實驗所觀察到的條紋。反過來說，因為光屏上出現光的條紋，所以證明光具有波的性質。

用登山來理解相長公式

　　接著，我們要用數學式來說明楊氏實驗中哪些地方是亮線（相長線），哪些地方是暗線（相消線）。下圖表示兩個波源S_1、S_2所產生的兩組波。

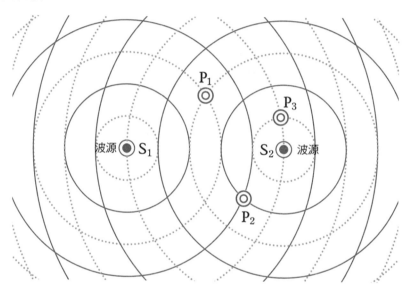

　　為了找出相長位置的條件，我們找出三個相長的位置P_1、P_2、P_3。這些位置有什麼樣的關聯呢？

　　讓我們先跳脫現實，登山去吧！

「呀呼～」

位置P₁為何會相長？

首先來看看從S_1往P_1登山，P_1的波高度有什麼變化。請看下圖。

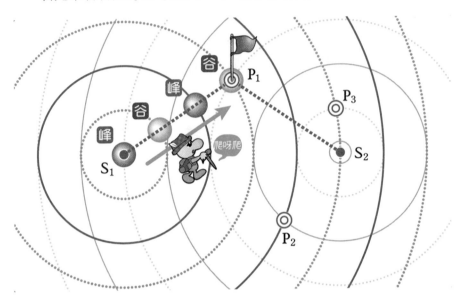

如果從S_1往P_1走去，就要經過峰→谷→峰→……的上下循環，最後以波 谷 抵達P_1。

接下來換個角度，探討從S_2出發的波。請看下一頁的圖。如果從S_2往P_1走去，也一樣要經過峰→谷→峰→……的上下循環，最後以波 谷 的狀態抵達P_1。

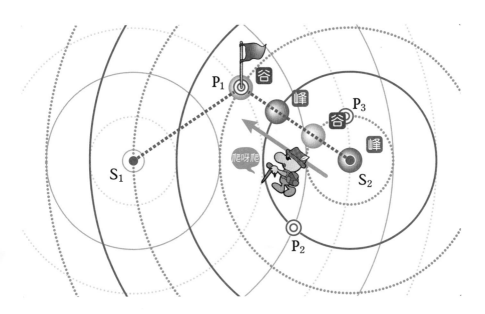

從S$_1$ 出發的波到P$_1$ 是波 谷，從S$_2$ 出發的波到P$_1$ 也是波 谷。所以
P$_1$ 點有兩個波 谷 重疊相長，形成「更深的波谷」。為了方便理解，
下圖將S$_1$ 與S$_2$ 兩個出發地點並排，畫出登山路徑。

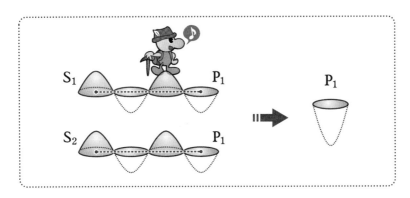

位置P₂為何會相長？

接著我們一邊登山，一邊研究P₂的情況。

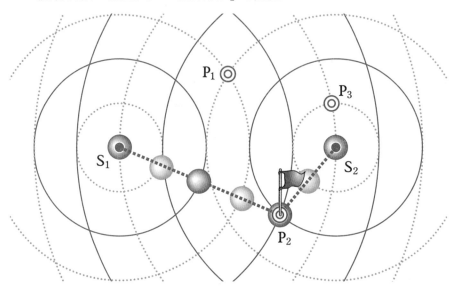

如上圖所示，從S₁出發的波經過峰→谷→峰→谷，在波 峰 狀態下抵達P₂。而從S₂出發的波經過峰、谷，在波 峰 狀態下抵達P₂。將出發地點並列之後，得到下面的圖。

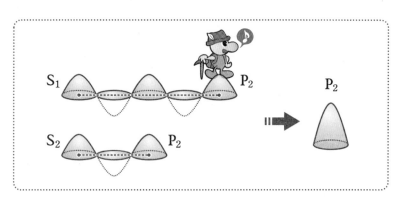

從S₁出發的波 峰 ，與從S₂出發的波 峰 在P₂會合，相長成為「更高的波峰」。

位置P₃為何會相長？

最後用同樣的方式來探討P₃。

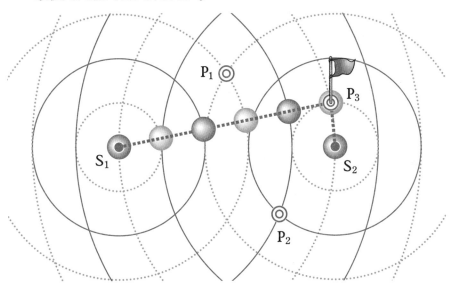

從S₁出發的波經過峰→谷→峰→谷→峰，在波 谷 狀態下抵達P₃。

從S₂出發的波經過峰，以波 谷 的狀態抵達P₃。

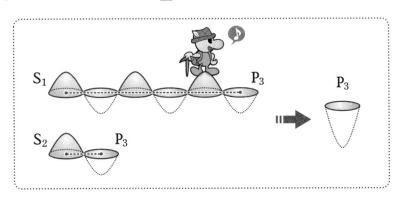

所以P₃會發生波 谷 與波 谷 的相長，形成「更深的波谷」。

接著我們把P_1、P_2、P_3 三條登山路徑排在一起，探討相長位置會出現在什麼樣的地方。

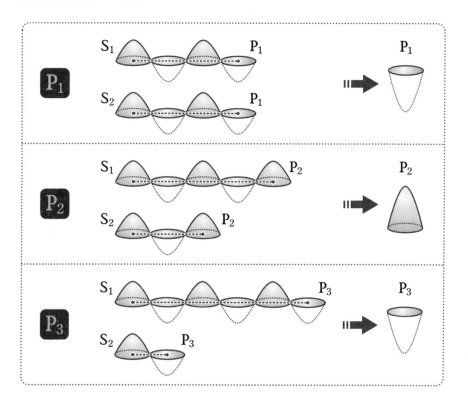

有沒有發現什麼規則呢？

「嗯～有嗎……」

請注意兩條登山路徑的長度差（稱為 ΔL）。

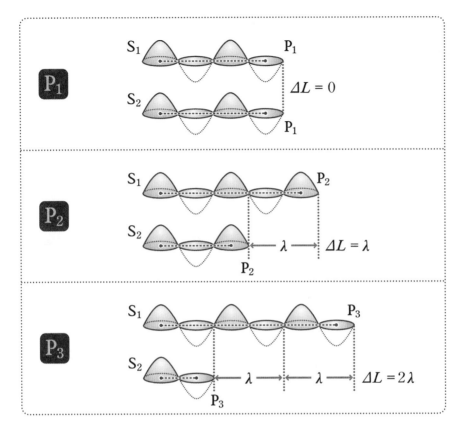

在P$_1$ 位置，ΔL（路徑長度差）為0；P$_2$ 位置的 ΔL 是「一組波峰波谷」，也就是λ。P$_2$ 位置的 ΔL 是兩組波峰波谷，也就是2λ。

$\Delta L = 0$、λ、2λ⋯可見發生相長的位置，一定是路徑長度差（ΔL）為波長 λ 整數倍的位置。如果令整數為 m，就可以把相長位置寫成以下的算式。

相長條件　　　　　　　$\Delta L = m\lambda$　　（$m = 0$、1、2、3⋯⋯）

如果 $m = 0$，代表 $\Delta L = 0$。這點就是P$_1$。$m = 1$的時候 $\Delta L = \lambda$，就是P$_2$。路徑長度差 ΔL 簡稱為「路徑差」。

相長條件與整數 *m* 的關係

下圖標示出相長線的位置，以及位置上的路徑差 ΔL。

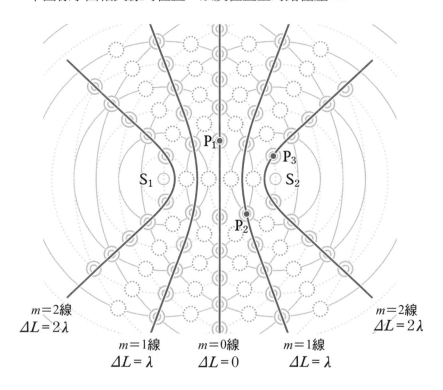

中央線距離S_1、S_2 都一樣遠，是一條縱向的相長線。這條線就是$\Delta L=0$的線（$m=0$）。在它之外的第二條線，是其中一邊路徑多出一個 λ 的 $m=1$線。更外側的第三條線，是其中一邊路徑多出兩個 λ 的 $m=2$線。

接著使用相長的做法，來考慮相消的條件。如下圖所示，考慮兩個相消點P_1'、P_2'。

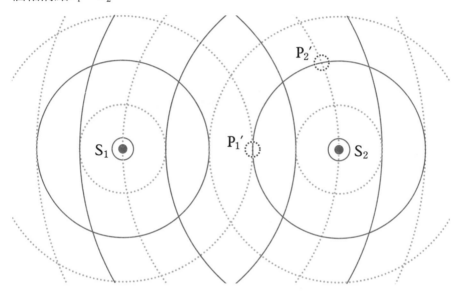

位置P₁′為何會相消？

　　下圖表示從S₁ 出發，以及從S₂ 出發，最後抵達位置P₁′的登山路徑。

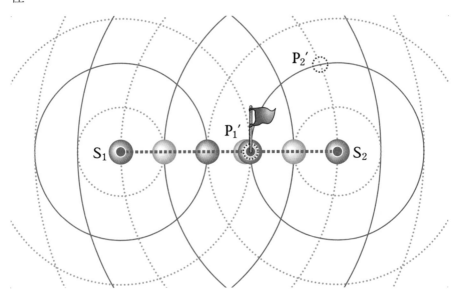

　　從 S₁ 出發的波經過峰→谷→峰，在波 谷 狀態下抵達P₁′。從 S₂ 出發的波經過峰→谷，在波 峰 狀態下抵達 P₁′。P₁′點是波 谷 撞到波 峰，所以兩者相消。

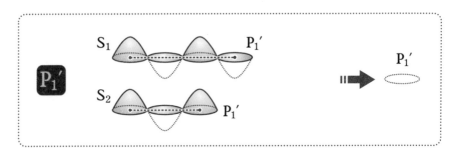

位置P₂′為何會相消？

同樣地，下圖表示從S_1出發，以及從S_2出發，最後抵達位置P_2'的登山路徑。

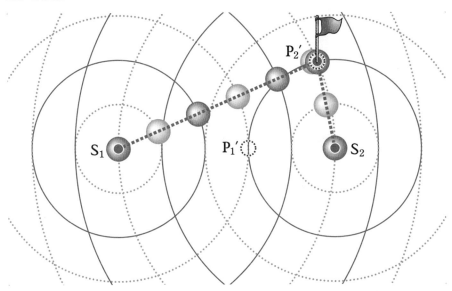

從S_1出發的波經過峰→谷→峰→谷→峰，在波 谷 狀態下抵達P_2'。從S_2出發的波經過峰→谷，在波 峰 狀態下抵達P_2'。P_2'點是波 谷 撞到波 峰 ，所以兩者會相消。

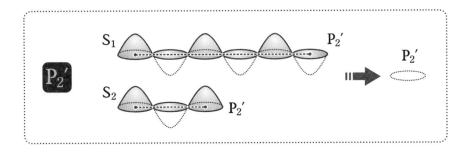

登山路徑與相消的條件式

那麼像P_1'、P_2'這種「相消位置」又會出現在什麼地方呢？我們使用相長的做法，將登山路徑排在一起，研究路徑差 ΔL。

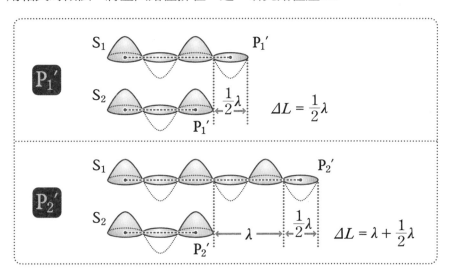

有發現什麼關聯性嗎？

 「還多了一個波谷！」

 「好眼力！」

P_1' 的 ΔL 多了一個波谷（$\frac{1}{2}\lambda$），P_2' 的 ΔL 則多了一個波長（λ）加一個波谷（$\frac{1}{2}\lambda$）。由於路徑差都多了一個波谷（也可能是多一個波峰），所以兩邊都會多前進半個波長。如此在相遇的位置上，兩者波形剛好相反，進而就會相消。$\Delta L = \frac{1}{2}\lambda$、$\lambda + \frac{1}{2}\lambda$、…於是相消的條件，可以用整數 m 寫成以下的算式。

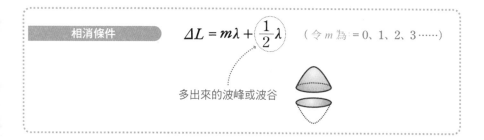

相消條件　$\Delta L = m\lambda + \dfrac{1}{2}\lambda$　（令 m 為 = 0、1、2、3……）

多出來的波峰或波谷

相消條件與整數 m 的關係

下圖表示形成相消線的位置，以及該位置的路徑差 ΔL。

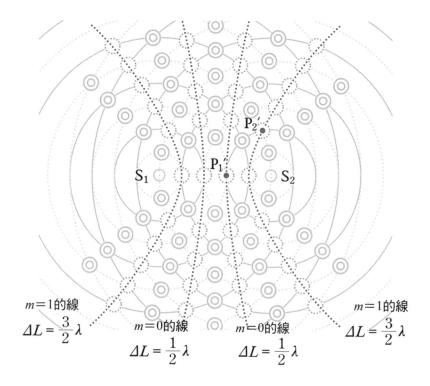

$m=1$的線

$\Delta L = \dfrac{3}{2}\lambda$

$m=0$的線

$\Delta L = \dfrac{1}{2}\lambda$

$m=0$的線

$\Delta L = \dfrac{1}{2}\lambda$

$m=1$的線

$\Delta L = \dfrac{3}{2}\lambda$

我們可以發現，相消線就插在相長線之間。

楊氏實驗

我們已經用算式寫出了「相長條件」與「相消條件」。只要使用這些條件式，就能算出楊氏實驗中的光條紋間隔，以及光條紋位置。

下圖以接近實際比例的比例尺，表示楊氏的實驗裝置。

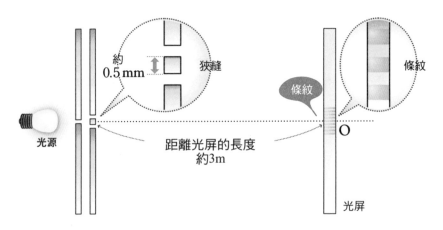

約 0.5mm 狹縫

條紋

條紋

O

光源

距離光屏的長度 約3m

光屏

可以發現從狹縫到光屏的距離大約3m，比狹縫間隔和光紋間隔要大很多。在這種狀態下不好了解，所以我們追加右圖，將狹縫間隔放大，並縮點到光屏的距離。但請記住一件事，實際上，狹縫到光屏的距離 L，比狹縫的間隔d或條紋間隔要大很多。

在楊氏的實驗中，是先用一道狹縫讓光產生繞射，再讓繞射光通過兩道狹縫S_1、S_2。這是為了統一光波通過S_1、S_2時的起始相位（峰或谷的波形）。在兩道狹縫中心拉一條垂線，並假設垂線與光屏的交點為O。

接著要來考慮O與距離 x 外的點P之間，這段空間是相消或相長。

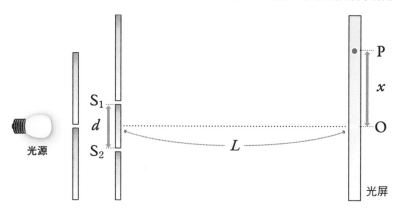

楊氏實驗與路徑差

我們知道波的干涉，關鍵在於路徑差 ΔL。請看下圖。假設S$_1$P發出光波1，S$_2$P發出光波2，請求出光1與光2的路徑差 ΔL。從S$_1$ 與S$_2$ 仰望P的角度，都以 θ 表示。

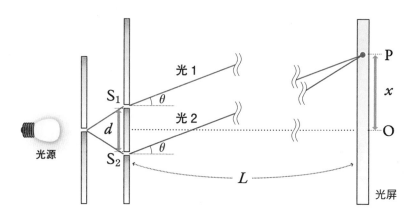

為何兩者都要使用 θ 來表示呢？因為S$_1$ 與S$_2$ 的狹縫間隔 d，遠小於狹縫到光屏的距離，所以兩者的角度可以近似相等。

我們來看看光1與光2的路徑差。請看下一頁的圖。

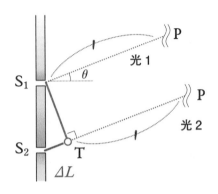

　　從S$_1$拉出垂直於光2的垂線，令垂線與光2交點為T。於是光1的S$_1$P與光2的TP，會在平行狀況下抵達P點，可以看成長度相同。由此可知，光2比光1多前進了S$_2$T的距離。這段S$_2$T就是光1與光2的路徑差ΔL。

　　接著來求 ΔL（＝S$_2$T）的長度。如下圖所示，∠S$_2$TS$_1$ 為90°，且∠TS$_1$S$_2$ 為 θ。

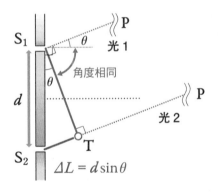

　　觀察直角三角形S$_2$TS$_1$，得知斜邊長為狹縫間隔 d，所以路徑差 ΔL（＝S$_2$T）如下。

$$\Delta L = d \sin\theta$$

（無法立刻想到sin θ、con θ 的人，請確認208頁之後的補課內容）於是我們就求出了路徑差。

楊氏實驗更使用了近似法來逼近 ΔL。實際上 θ 的值非常小。在 θ 極小的情況下，將成立以下的近似式。

> **[近似式]**　　　　　　　$\sin\theta = \tan\theta$　　（θ 極小時）

至於為何會成立這樣的近似式，請參考附錄②「$\sin\ \theta = \tan\ \theta$ 之謎」。使用這則近似式，就可以將 ΔL 的 $\sin\theta$ 換成 $\tan\ \theta$。

> $$\Delta L = d\sin\theta = d\tan\theta$$

接著如下圖所示，角度 θ 可以看成從狹縫中心到P點的角度。

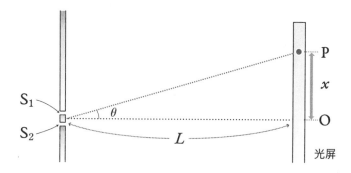

此時觀察直角三角形，可以得到 $\tan\ \theta$ 的值如下。

> $$\tan\theta = \frac{x}{L}$$

將這個式子代入路徑差 $\Delta L = d\tan\ \theta$，便得到以下的結果。

> **[公式]**　　　　　　　$$\Delta L = \frac{dx}{L}$$

這就是楊氏實驗的路徑差公式。請記住這則公式。物理上經常使用這則近似式來計算路徑差。

路徑差的使用方法

接著我們用路徑差 ΔL 來找出楊氏實驗中哪些位置會發亮，以及光條紋的間隔。假設點P為相長位置，該點路徑差 ΔL 就是波長 λ 的整數倍，可以寫成以下的式子。

相長的條件	$\Delta L = m\lambda$ $\quad(m = 0, \pm1, \pm2, \pm3\cdots\cdots)$

楊氏實驗的路徑差 ΔL 為 $\dfrac{dx}{L}$，代入上式得到

$$\frac{dx}{L} = m\lambda$$

解出此算式的 x，得到

$$x = \frac{L\lambda}{d} m$$

只要 m 代入整數，就知道這則算式代表什麼意思。

$$m = 0\text{ 的時候，} x = 0$$

$$m = 1\text{ 的時候，} x = \frac{L\lambda}{d}$$

$$m = 2\text{ 的時候，} x = 2\frac{L\lambda}{d}$$

下一頁的圖就標示了這些位置。

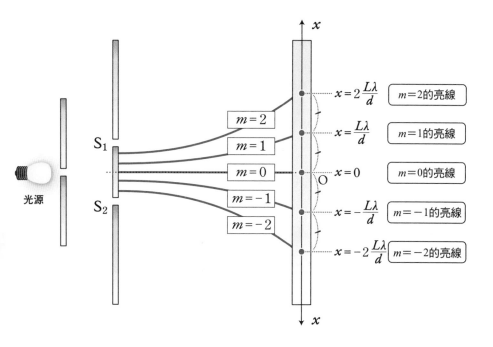

中心位置的 $m=0$ 為亮線，上下對稱地並排著 $m=1$、$m=2$ 的相長亮線（簡稱亮線）。在楊氏實驗中，亮線與亮線之間的間隔為 $\dfrac{L\lambda}{d}$，且各間隔皆相等。這就求出了亮線的位置與間隔。

同樣地，我們也可以找出相消暗線（簡稱暗線）的位置。相消的條件，是路徑差 $\varDelta L$ 之中有留下半個波長（$\dfrac{1}{2}\lambda$）。所以是

$$\frac{dx}{L} = m\lambda + \frac{1}{2}\lambda \quad (m=0, \pm1, \pm2, \pm3\cdots\cdots)$$

解出此算式的 x，得到

$$x = \frac{L\lambda}{d}m + \frac{L\lambda}{2d}$$

將 m 代入 0、±1、±2……的整數，可以得到以下的結果。

$$m = 0 \text{ 的時候,} \quad x = \frac{L\lambda}{2d}$$

$$m = 1 \text{ 的時候,} \quad x = \frac{3L\lambda}{2d}$$

$$m = 2 \text{ 的時候,} \quad x = \frac{5L\lambda}{2d}$$

為了與相長線比較,以藍色虛線表示相消線。

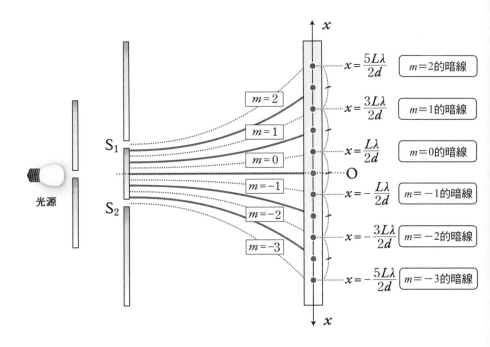

我們發現從中心O附近開始,依序排列有 $m = 0$、$m = 1$、$m = 2$ 的暗線。暗線的間隔與亮線一樣,都是 $\frac{L\lambda}{d}$,而且間隔相等。

到這裡,我們終於使用干涉條件式,算出了亮線、暗線的位置,以及它們的間隔。

五種路徑差

大學學測通常會考五種路徑問題，包括 Ⓐ 楊氏實驗、Ⓑ 光柵、Ⓒ 薄膜干涉、Ⓓ 楔形干涉、Ⓔ 牛頓環。

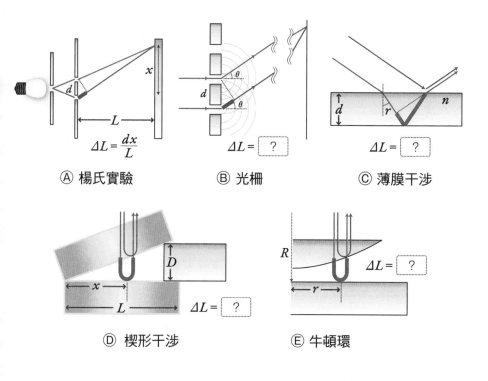

$$\Delta L = \frac{dx}{L}$$

Ⓐ 楊氏實驗

$$\Delta L = \boxed{?}$$

Ⓑ 光柵

$$\Delta L = \boxed{?}$$

Ⓒ 薄膜干涉

$$\Delta L = \boxed{?}$$

Ⓓ 楔形干涉

$$\Delta L = \boxed{?}$$

Ⓔ 牛頓環

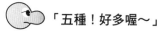

「五種！好多喔～」

別擔心。其實這些問題唯一的差別，就是路徑差 ΔL 的數值而已。只要知道路徑差，代入「干涉條件式」，就能與楊氏實驗一樣算出亮線、暗線的位置與間隔。接著讓我們從繞射柵開始依序探討吧。

光柵

　　當我們觀察音樂CD的表面，會發現七彩的閃光。這原因來自於光的干涉，因為CD表面發揮了「光柵」的功能。所謂光柵，就是在玻璃等透明板表面，以等間隔刻下許多細小刮痕。刮痕部分會變成毛玻璃，光線無法通過，所以沒有刮傷的部分就發揮狹縫的功能。

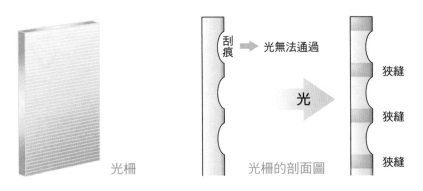

光柵　　　　　　光柵的剖面圖

　　如果從光柵後方射入光線，大量狹縫就會變成波源，形成楊氏實驗的干涉條紋（音樂CD是以表面的細小刮痕來反射光線，看起來就像閃亮的條紋）。

　　光柵的特徵，在於有許多狹縫，楊氏實驗則只有兩道狹縫。所以繞射柵所形成的干涉條紋比楊氏實驗要清晰。

光柵的路徑差

　　下一頁的圖表示兩道光線射入光柵時，產生繞射的情況。

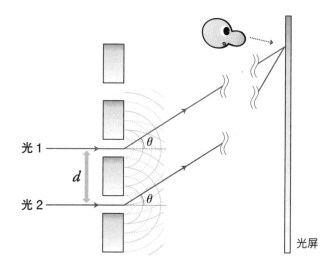

　　兩道光會聚集在光屏上的某一點。光柵與楊氏實驗的狹縫間隔，都遠小於狹縫到光屏的距離，所以兩道光的角度可同樣定為 θ。因此光柵的路徑差也與楊氏實驗相同，等於下圖所示的藍色粗線部分。

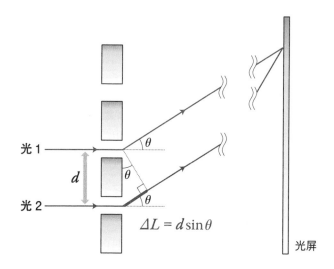

$$\Delta L = d\sin\theta$$

　　根據上圖，得知路徑差 ΔL 等於 $d\sin\theta$。這就是光柵的路徑差公式。

$$\boxed{\text{公式}} \qquad\qquad \Delta L = d\sin\theta$$

　　雖然楊氏實驗有進一步的近似，但光柵就到此為止。很簡單吧。根據這路徑差，就可以得到相長、相消的條件式如下。

相長的條件式 　　$d\sin\theta = m\lambda$ 　　　　$(m = 0、1、2、3……)$

相消的條件式 　　$d\sin\theta = m\lambda + \dfrac{1}{2}\lambda$ 　　$(m = 0、1、2、3……)$

　　從條件式來看，發現亮暗與角度 θ、波長 λ 有關。通過光柵的光線，在某個角度下會齊頭並進，形成特別明亮的相長區塊。而且不同顏色的波長 λ 也稍有不同，各自的相長角度也不太一樣。所以才會看到彩虹般的彩色光。

薄膜干涉

　　如果我們看到地上有攤水，水上漂著油汙，就會呈現彩虹般的顏色。或者我們吹出肥皂泡，也會發出彩虹般的顏色。但水也好、油也好、肥皂水也好，都是透明無色。為什麼它們變薄變寬（成為薄膜）之後，就會發出七彩的顏色呢？

　　下一頁的圖，表示光線射入空氣中的肥皂泡薄膜時，所產生的現象。

　　假設空氣折射率為1，薄膜折射率為 n。斜著射入薄膜的兩道光，會各走各的路徑。紅色的光1從A_1出發，在B_1折射，進入薄膜中。

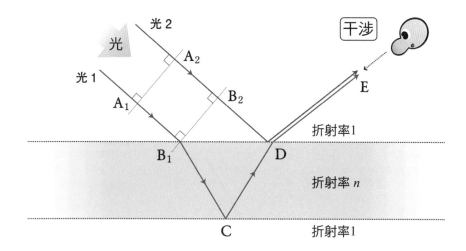

然後在薄膜的下面C反射，到了上面D又折射，才到達觀測者的眼睛E。藍色的光2則是從A_2出發，在薄膜的上面D反射，就到達觀測者的眼睛E。光1與光2同樣抵達位置E，所以會有路徑差，而產生干涉。

薄膜的路徑差

讓我們來求薄膜的路徑差。求薄膜的路徑差有個訣竅。請看下一頁的圖。光1與光2分別前進到B_1與B_2的位置。當光1進入折射率 n 的介質（B_1），速度會縮減為 $\dfrac{1}{n}$ 倍（參考135頁）。

在光1從B_1移動到F的時間內，光2已經從B_2移動到D。光1的F與光2的D，進入薄膜之後依然保持前進方向與波前垂直，所以$\angle B_1FD$為直角。光1、光2的F、D為相同時間，所以兩道光的相位（峰或谷的波形）在這裡都還是一致。因此光1比光2多走的路徑差 ΔL，就是F之後的FCD。

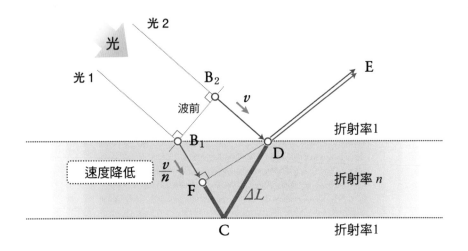

要求這路徑差需要花點工夫。先如下圖①所示，從D往薄膜下面拉一條垂直輔助線。

假設輔助線與薄膜下面的交點為G。接著如下一頁的圖②所示，將△DCG往下翻轉，成為圖③的模樣。

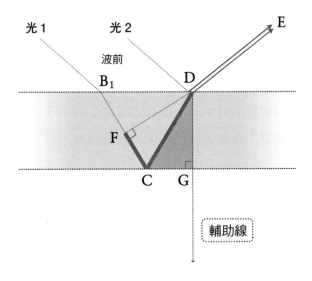

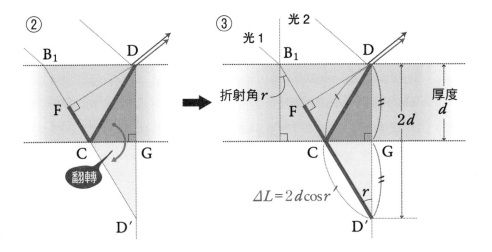

可以發現圖③中的CD與CD′長度相同，所以路徑差是從FCD到FD′的一直線。如果將薄膜厚度DG定為 d，那麼DD′就是乘以兩倍的$2d$。∠FD′D與折射角r成為錯角關係，所以角度一樣為r。

觀察直角三角形DFD′，得知斜邊為$2d$，且夾$\angle r$，所以 ΔL（FD′）如下。

$$\Delta L = 2d\cos r$$

「好！有路徑差了！把它代入干涉條件式吧！」

「先等一下！」

別太急。目前這樣的路徑差還不能用。請看接下來要介紹的「光路差」。

光路差

　　干涉的關鍵，在於兩道光是「峰對峰」「谷對谷」的同相位碰撞，或是「峰對谷」的反相位碰撞。所以我們要寫出條件式，計算路徑差中究竟塞了多少個波。然而薄膜的情況，是只有一道光進入不同折射率（縮減率）的物質中，所以不能直接以路徑差做比較。因為兩道光中只有一道縮短了。請看下圖。

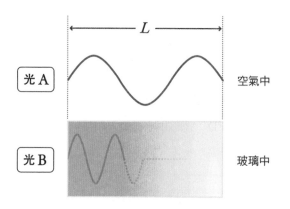

　　假設光A在真空中行進了距離 L，光B在玻璃中同樣行進了距離 L。如果單純考慮光A與光B的路徑差，會因為兩者移動距離相同，而得到 $\Delta L = 0$ 的結果。一般來說，$\Delta L = 0$ 應該是相長，但其中一道光在玻璃中有縮減，所以不知道在某個位置上是波峰或波谷。那這時又該如何比較兩道光呢？

　　答案就是，「在相同的真空中比較」。讓我們將光B從玻璃中拿出來，與光A做比較。

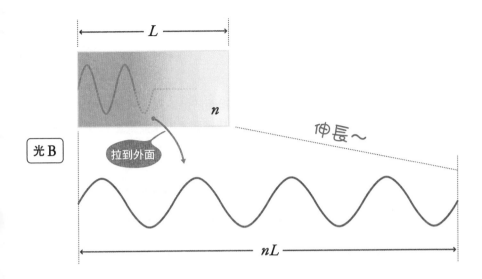

光B

伸長～

拉到外面

折射率就是縮減率。光B進入折射率 n 的物質中，波長會縮減為「真空中的 n 分之一」，所以如果將光B拿到真空中，就要如上圖所示，將光B的距離 L 拉長為 n 倍。將光B恢復成真空中的長度，與光A比較，得到路徑差如下。

$$\Delta L = nL - L$$

光B的路徑－光A的路徑

像這種把光拿到真空中，比較兩道光的路徑差的方式，就稱為光路差。讓我們將光路差套入干涉條件式，來探討干涉。

光的自由端反射與固定端反射

「原來如此，如果要比較在玻璃裡面前進的光，就要使用光路差。原本的路徑差是 $\Delta L = 2d\cos r$，從玻璃裡面拿出來要乘上 n 倍，才會變成光路差 $\Delta L'$，所以⋯⋯」

「光路差就是 $\Delta L' = 2d\cos r \times n$ 對吧！只要用這光路差來列條件式就好了！」

「等一下！就不能再給我稍等一下嗎？」

沒錯，薄膜的光路差確實是乘上 n。如下所示。

公式
$$\Delta L' = 2nd\cos r$$

但這裡還要注意一點，那就是「反射」。還記得嗎？波的性質②「反射」，提到了兩種反射狀態。那就是「峰去峰回」「谷去谷回」的自由端反射（相位不變），以及「峰去谷回」「谷去峰回」的固定端反射（相位相反）。

下一頁的圖，表示光在兩種不同密度的物質之間會如何反射。請先看左圖。當光線在密度較大（折射率較大）的空間中行進，然後在與密度較小（折射率較小）之物質的界面產生反射，則原本的高密度空間會掌握局勢，形成自由端反射。假設光以峰、谷、峰進入界面，隨後會反射的就是波 谷 。接著請看右圖。當光線在密度較小（折射率較小）的空間中行進，然後在與密度較大（折射率較大）之物質的界面產生反射，則不太會移動的對方會掌握局勢，形成固定端反射。假

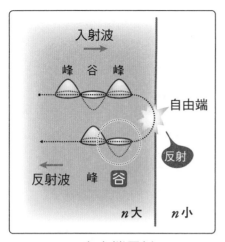

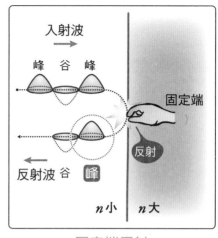

自由端反射

固定端反射

設光以峰、谷、峰進入界面，原本應該要以波 谷 反射，現在剛好相反，會以波 峰 反射。像這種半途產生反射的情況就要特別注意。

舉例來說，這裡有光A與光B走在相同路徑上。但光B卻在途中的藍線部分發生了自由端反射。

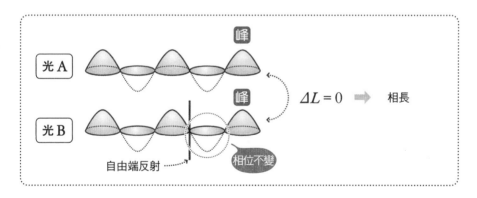

自由端反射的相位不會改變。以峰、谷、峰進入界面的波，會很正常地以波 谷 反射。所以觀察終點，光A與光B的相位都與出發時相同，屬於波 峰，結果是相長。

此時的干涉條件式和之前相同。如下。

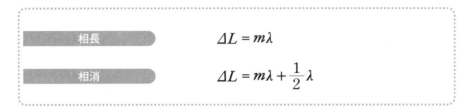

相長　　　$\Delta L = m\lambda$

相消　　　$\Delta L = m\lambda + \dfrac{1}{2}\lambda$

接著考慮光B在藍線部分發生固定端反射的情況。

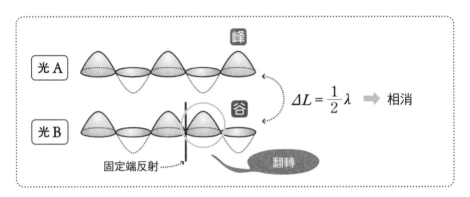

光B以峰、谷、峰進入界面，原本應該反射波 谷，但固定端反射造成相位相反，而反射為波 峰。從最後的結果來看，光A與光B明明沒有路徑差，卻因為波 峰 撞波 谷 而造成相消。這時候，干涉條件式就要做以下的對調動作。

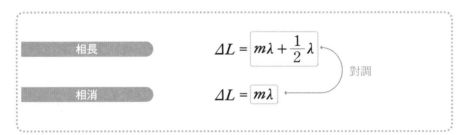

相長　　　$\Delta L = m\lambda + \dfrac{1}{2}\lambda$

相消　　　$\Delta L = m\lambda$

對調

這是固定端反射時的注意事項。

掌握自由與固定的印象

我們可以用印象記法，來背光的自由端反射與固定端反射。自由端反射是從「密」（高密度介質）到「疏」（低密度介質）的反射，相位不會變化。就像住在人口密度高的城市裡，跑到人口密度低的鄉村（疏）度個假，又回到城市中（密）。都市人不會受到鄉村的影響，而是若無其事地回家。這就是自由端反射的印象（下圖）。

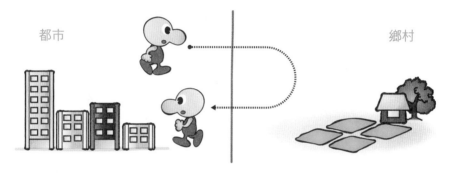

固定端反射則是由「疏」到「密」的反射，相位會翻轉。住在鄉村（疏）理的人，跑到城市（密）裡玩，又回到鄉村（疏）中。結果鄉村人受到城市的強大影響，整個人都變了。這就是固定端反射的印象（下圖）。

背起來
吧！

從疏（鄉村）到密（城市）就大轉變

薄膜的干涉

「既然都學到這兒了,那麼,就來解這一題吧!」

「好啊!終於可以解了!」

如下圖所示,薄膜的路徑差 $\Delta L = 2d\cos r$(173頁)。

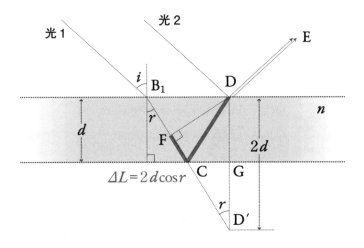

$$\Delta L = 2d\cos r$$

路徑差會進入薄膜中。所以將路徑拿到薄膜外,乘上 n 倍,修改為光路差。

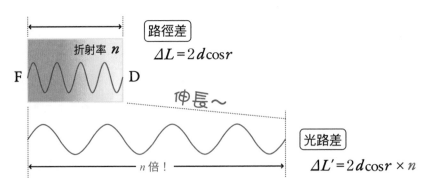

路徑差
$$\Delta L = 2d\cos r$$

伸長～

光路差
$$\Delta L' = 2d\cos r \times n$$

n 倍!

最後要注意反射模式！如下圖所示，先在「反射」的位置上畫個○。紅色的光1會在C點反射。藍色的光2會在D點反射。這是為了與折射做區分。很多人會不小心把 ○ 畫在B₁，但B₁是「折射」而非反射，所以不能畫○。

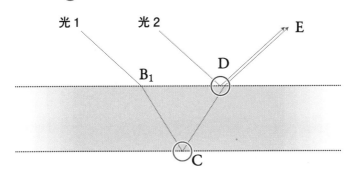

接著要確定C與D是自由端反是還是固定端反射。

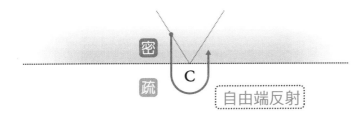

如上圖所示，光1在C點的反射，是從密度為「密」的玻璃，碰到密度為「疏」的空氣而反射。由「密」到「疏」就是相位不變的自由端反射。

接著來看光2在D點的反射。請看下圖。

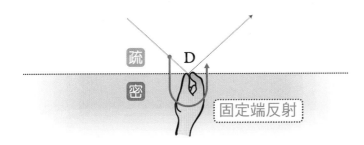

D點是從「疏」到「密」的反射。也就是從鄉村到都市的固定端反射，相位要反轉。這時候為了註明相位變化，我們將反射符號從 ◯ 改為 ◎。於是整個系統裡就只有一個 ◎。

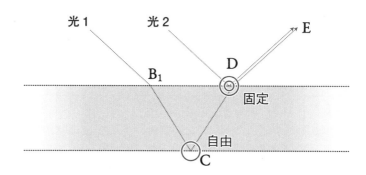

由於相位半途改變，所以干涉條件式中的相長與相消要對調。

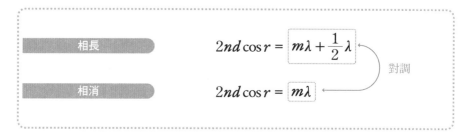

大功告成！

請注意固定端反射 ◎ 的數量。在這個例子中，◎ 只有一個。另外像三個、五個等奇數個的情況，代表有一邊的光會發生相位反轉，就必須對調干涉條件式。如果 ◎ 是兩個、四個等偶數個的情況，等於負負得正，條件式就與平時相同。

寫出薄膜干涉條件式

　　我們終於完成了薄膜的干涉條件式！從干涉條件式看來，光的波長 λ（也就是顏色）會影響相長角度r。白色太陽光之中含有各種顏色的光。進入肥皂泡之類的薄膜中，每種色光的相長角各有不同，所以光到了肥皂泡裡面就被分色，看起來才會五彩繽紛。

干涉條件式寫法1・2・3

　　我們可以用以下三步驟來寫出干涉條件式。

> ─● 光的干涉1・2・3
>
> ①畫圖求出路徑差 ΔL
>
> ②若光線進入物質中，要乘上折射率 n 修改為光路差
>
> ③在反射點畫 ◯。如果碰到「疏」→「密」反射就改畫 ◎。若 ◎ 有奇數個，條件式就對調。
>
> （相長）　$\Delta L = \boxed{m\lambda + \dfrac{1}{2}\lambda}$
>
> （相消）　$\Delta L = \boxed{m\lambda}$　　對調

楔形干涉

先準備兩片玻璃板（例如顯微鏡用的蓋玻片），如右圖般互相重疊。在右端夾入一片鋁箔之類的薄片，左端則以橡皮筋固定。最後從上方用鈉燈照射，就會看到條紋圖案。

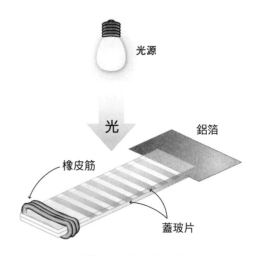

光源

光

鋁箔

橡皮筋

蓋玻片

這也是一種光的干涉現象。只要考慮兩道光的路徑，就知道為什麼會出現條紋。下圖表示蓋玻片的剖面圖。

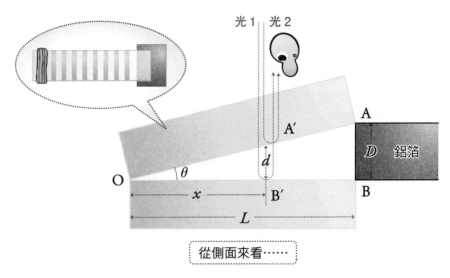

光 1　光 2

A′

d

O

θ

x

B′

L

A

D　鋁箔

B

從側面來看……

這個剖面圖的形狀很像楔形（V字形），所以這種干涉稱為「楔形干涉」。令玻璃端點為O，來探討與O距離x的位置，干涉條件為何。請看圖，圖中有鈉燈所發出的紅光1路徑，以及藍光2路徑。光1通過第一片玻璃，在第二片玻璃的上面B′被反射，回到原處。令一方面，光2在第一片玻璃的下面A′被反射，回到原處。光1與光2路徑不同而互相重疊，造成光的干涉。

接著讓我們使用「光的干涉1‧2‧3」來求出楔形干涉的條件式。

❶ 畫圖求出路徑差 ΔL

兩道光的路徑差，就是光1多跑的距離，等於來回一趟A′B′A′。假設A′B′長度為 d，則

$$\Delta L = 2d \qquad\qquad \cdots\cdots 算式①$$

由於 d 非常小，不容易測量，所以我們試著用玻璃片長度 L、鋁箔厚度 D，以及從O到觀測點的距離 x，來表示 d。請看下圖。

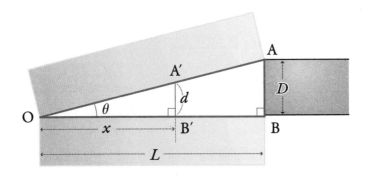

請注意圖中的兩個直角三角形A′ OB′ 與AOB。這兩個三角形相似，所以會成立下圖的比例關係。

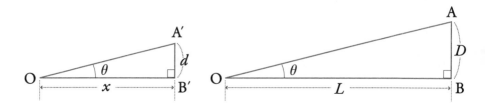

$$x : d = L : D$$

用這個比例式來解出 d，得到

$$d = \frac{Dx}{L}$$

將 d 代入算式①，就得到 $\varDelta L$ 如下。

公式 $$\varDelta L = \frac{2Dx}{L}$$

於是我們沒有用到 d，就寫出了路徑差。

❷ 若光線進入物質中，要乘上折射率 n 修改為光路差
  由於路徑差 $\varDelta L$ 在空氣中，所以沒必要乘上 n 倍。

❸ 在反射點畫 ○。如果碰到「疏」→「密」反射就改畫 ◎。
  若 ◎ 有奇數個，條件式就對調。
  最後要考慮反射來列出條件式。首先在反射面上畫 ○。由於是從
「疏」到「密」的固定端反射，所以改為 ◎。

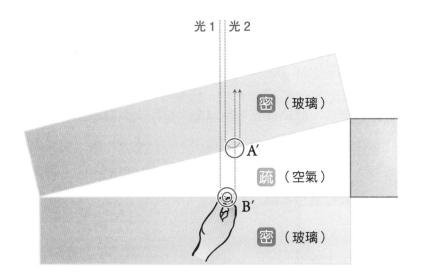

當紅光1在B′反射時，是從密度比玻璃小的空氣（疏）碰撞玻璃（密），屬於從「疏」到「密」的反射，所以要畫 ◎。藍光2在A′的反射，是從玻璃撞到空氣，也就是從「密」到「疏」的反射，相位不變。符號維持 ○。

系統裡總共有一個 ◎。所以要對調干涉條件式。

相長	$\dfrac{2Dx}{L} = m\lambda + \dfrac{1}{2}\lambda$
相消	$\dfrac{2Dx}{L} = m\lambda$

對調

大功告成！從干涉條件式發現，觀測位置 x 不同，會造成相長或相消。所以楔形干涉會產生相長與相消的亮暗條紋。

牛頓環

最後我們要看一個神奇的干涉現象，是由大名鼎鼎的牛頓所發現的。如下圖所示，將上面平坦下面球面的平凸透鏡，與一塊玻璃板組成一個裝置。如果從裝置上方照射鈉燈，就會呈現圓形的干涉條紋。

這圓形的干涉條紋就是牛頓環。

為何會產生牛頓環呢？讓我們用「光的干涉1.2.3」列出干涉條件式，來探討原因。

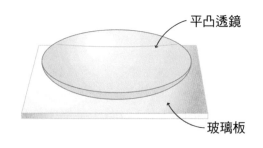

平凸透鏡

玻璃板

❶ 畫圖求出路徑差 ΔL

請看下圖。

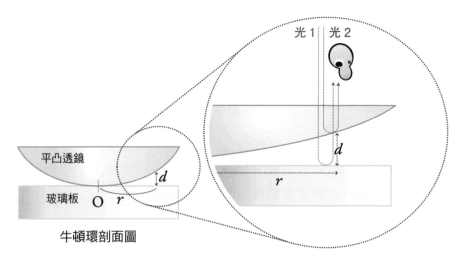

牛頓環剖面圖

牛頓環的重點與楔形干涉一樣，都是兩道光在玻璃之間的反射路

徑。鈉燈從上方發出兩道相位相同的光線,光1與光2。紅色的光1穿過平凸透鏡,在玻璃板上面反射;藍色的光2則是在平凸透鏡的下面反射,兩者都回到原處。兩道光經過不同路徑而重疊,就造成光干涉。假設此時的空隙寬度為 d,則路徑差 ΔL 如下。

$$\Delta L = 2d \qquad\qquad \cdots\cdots算式①$$

在牛頓環中心位置,路徑差$2d$ 等於0,但愈遠離中心(r 愈大),空隙就慢慢增加。所以某些空隙的位置會相長,其它空隙的位置則相消,而形成光的亮暗條紋。到這裡都和楔形干涉一樣。

我們先以平凸透鏡的球面半徑 R 和從中心點O起算的半徑 r,來取代極小的空隙 d,就可以用其它符號來表示路徑差$2d$。

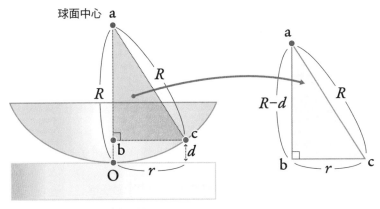

牛頓環剖面圖

如上圖所示,從光2的反射點c拉出一條水平線,再從平凸透鏡的球面中心a拉出一條垂直線,令兩條線交點為b。我們把這個直角三角形abc拿出來研究。由於ac是球面半徑,所以長度等於球面半徑 R。邊bc是與中心點O距離 r 的觀測位置,故長度為 r。邊ab的長度是從aO(長度 R)扣掉bO(長度 d),如右圖所示,為 $R-d$。

根據勾股定理，直角三角形abc符合下面的式子

$$R^2 = (R-d)^2 + r^2$$

將此算式展開得到

$$R^2 = R^2 - 2Rd + d^2 + r^2$$

在這裡使用近似式。

近似式　　　　　　　　（極小值）$^2 = 0$

假設我們把很小的數字0.01平方，就會得到更小的0.0001。所以「極小值的平方」可以直接忽略。使用這個近似法，極小的縫隙 d 就使得 d^2 近似為0。

近似！

$$R^2 = R^2 - 2Rd + \boxed{d^2} + r^2$$

幾乎為0

$$R^2 = R^2 - 2Rd + r^2$$

解出算式中的 d，得到

$$d = \frac{r^2}{2R}$$

將上面的 d 代入算式①，得到路徑差如下。

公式　　　　　　　$\Delta L = 2d = \dfrac{r^2}{R}$

我們成功地寫出了路徑差公式，而且沒有用到 d。

❷ 若光線進入物質中，要乘上折射率 n 修改為光路差

　由於路徑差 $\varDelta L$ 在空氣中，所以沒必要修正光路差（乘上 n 倍）。

❸ 在反射點畫 ○。如果碰到「疏」→「密」反射就改畫 ◎。

　若 ◎ 有奇數個，條件式就對調。

　先在反射的位置畫 ○。

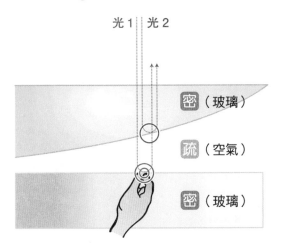

　如上圖所示，紅光1是由「疏」到「密」的反射，屬於固定端反射，改成 ◎。藍光2是由「密」到「疏」的反射，屬於自由端反射，維持 ○ 不變。系統中只有一個 ◎，所以條件式要對調。

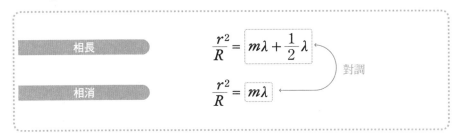

　牛頓環的干涉條件式完成了。

如果從牛頓環裝置上方照射光線，然後從下方觀測，干涉條件式會發生何種變化？考慮兩塊玻璃之間所引起的反射，會得到如右圖所示，光1與光2互相重疊干涉。

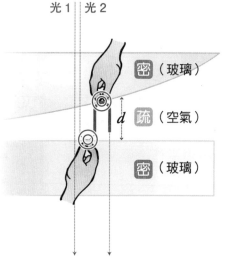

光1與光2的路徑差，是光2來回空隙一趟的長度$2d$。如右圖所示，考慮光2發生的兩次反射，得知在空隙下面是由「疏」到「密」的固定端反射，上面也是由「疏」到「密」的固定端反射。

系統裡有兩個◎。由於反彈兩次，光的相位也翻轉兩次，所以會回到原本的相位，而進入空氣中。**此時干涉條件式如下，與平時無異。**

相長　　　$\dfrac{r^2}{R} = m\lambda$

相消　　　$\dfrac{r^2}{R} = m\lambda + \dfrac{1}{2}\lambda$

請務必先清點◎的數量，再來列出條件式。

第四堂課到此為止。有些應用題會做出變化，例如在楔形空隙中灌滿折射率與空氣不同的液體。這時候只要依照「光的干涉1・2・3」（參考183頁），依三步驟列出干涉條件式，還是能找出正確答案。讓我們來做些練習題吧。

→ 光的干涉1・2・3

①畫圖求出路徑差 ΔL

②若光線進入物質中，要乘上折射率 n 修改為光路差

③在反射點畫 ◯。如果碰到「疏」→「密」反射就改畫 ◎。若 ◎ 有奇數個，條件式就對調。

相長　　　$\Delta L = \boxed{m\lambda + \dfrac{1}{2}\lambda}$

相消　　　$\Delta L = \boxed{m\lambda}$

對調

以一道細窄的太陽光線垂直射入光柵，透射的光會投影在光屏上。如圖所示，光屏上顯示出一次繞射（$m=1$）的光譜。請從以下①～⑥的選項中，選出最適當的光譜排列樣式。令入射光延長線與光屏的焦點位置為P。

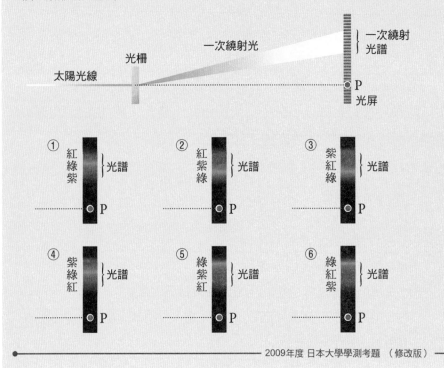

①　紅綠紫　}光譜　　P

②　紅紫綠　}光譜　　P

③　紫紅綠　}光譜　　P

④　紫綠紅　}光譜　　P

⑤　綠紫紅　}光譜　　P

⑥　綠紅紫　}光譜　　P

2009年度 日本大學學測考題 （修改版）

●解答·解說●

　　問題中提到的「一次繞射光譜」意思是「$m=1$時的七彩亮帶」。為何會有七彩的亮帶呢？

　　像太陽光這種白光，其實是由各種顏色（波長 λ）的光混合而成。我們先寫出繞射柵的相長條件式。

$$d\sin\theta = m\lambda \qquad \cdots\cdots算式①$$

因為是一次繞射光,所以在算式①中代入 $m=1$,解出 $\sin\theta$。

$$\sin\theta = \frac{\lambda}{d} \qquad \cdots\cdots算式②$$

從這個算式可以發現,$\sin\theta$ 與 λ 成正比,所以波長 λ 愈大,$\sin\theta$ 就愈大。又如右圖所示,在0°～90° 的範圍內,$\sin\theta$ 愈大,角度 θ 就愈大。

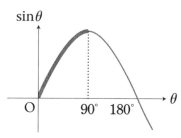

由此可知,下圖中波長 λ 較小的紫色光,$\sin\theta$ 就較小,會在角度小的位置相長。而波長 λ 較大的紅色光,$\sin\theta$ 就較大,會在角度大的位置相長。每種顏色的相長位置各有不同,所以才會分色產生光譜。

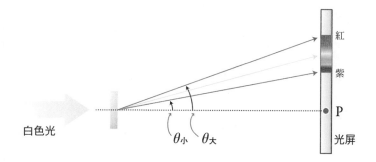

答案就是選項①,紅在上紫在下。

楊氏實驗•

　　如圖1所示，從狹縫S0射出的單色光，射中相距 d 的兩道狹縫 S_1、S_2，在距離 L 之外的光屏呈現亮暗相間的條紋。假設S_1、S_2 距離 S_0 都一樣遠，光屏上的 x 軸原點O（$x = 0$），與S_1、S_2 也是等距離。令距離 L 遠大於 d。

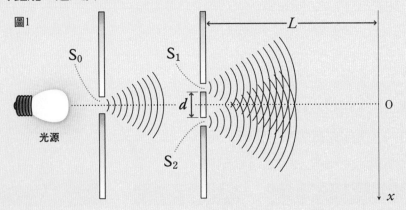

圖1

問1 請從以下①～④選項中，選出最正確的光屏亮暗條紋圖樣。

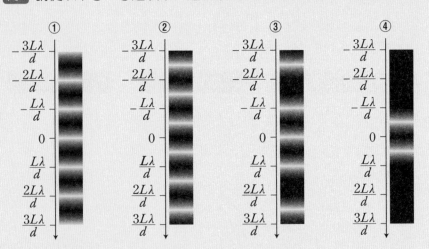

問2 如圖2所示，將S_0往箭頭方向移動，則光屏上的亮暗條紋也會隨著移動。請從以下①～④選項中，選出一個條件，可以使原點O位置落在暗線內。令狹縫S_0到S_1、S_2的距離分別為L_1、L_2。

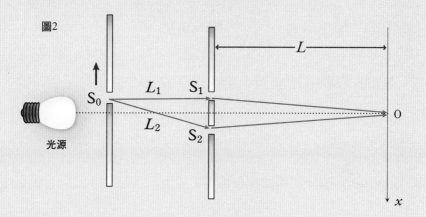

圖2

① $L_2 - L_1 = \lambda$ ② $L_2 - L_1 = \dfrac{5}{4}\lambda$ ③ $L_2 - L_1 = \dfrac{3}{2}\lambda$ ④ $L_2 - L_1 = \dfrac{7}{4}\lambda$

2007年度 日本大學學測考題 （修改版）

問題1 楊氏實驗的相長干涉條件式如下。

相長　　　　　　　　　　　$$\frac{dx}{L} = m\lambda$$

　　想知道光線相長的位置，就解出 x。結果如下。

$$x = \frac{L}{d}m\lambda$$

代入 $m = 0$、1、2……得到相長位置 x 如下。

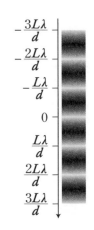

$$m = 0 \implies x = 0$$

$$m = 1 \implies x = \frac{L}{d}\lambda$$

$$m = 2 \implies x = \frac{2L}{d}\lambda$$

$$m = 3 \implies x = \frac{3L}{d}\lambda$$

$$-\frac{3L\lambda}{d}$$
$$-\frac{2L\lambda}{d}$$
$$-\frac{L\lambda}{d}$$
$$0$$
$$\frac{L\lambda}{d}$$
$$\frac{2L\lambda}{d}$$
$$\frac{3L\lambda}{d}$$

由 x 得知答案如右圖所示，為選項①。

問題1的解答　　　①

問題2 在一開始的狀態下，兩道光抵達O點（$x = 0$）的路徑完全相同，所以O點的 $\Delta L = 0$，位於相長的亮線上。當S_0 往上移動，S_1O與S_2O的距離沒有改變，但S_0S_1（圖中的 L_1）與S_0S_2（圖中的 L_2）之間會產生路徑差。

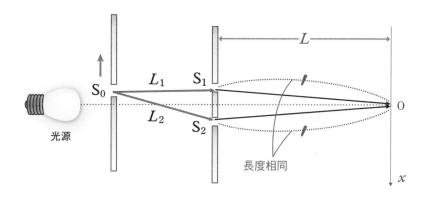

當 S_0 往上移動時，路徑 L_2 會變得比較長，所以是 $\Delta L = L_2 - L_1$。又，暗線的干涉條件式如下。

$$L_2 - L_1 = m\lambda + \frac{1}{2}\lambda$$

也就是路徑差應該會多出半個波長（$\frac{1}{2}\lambda$）。如果將①～④的選項轉換為「波長的整數倍＋α」，會變成以下形式。

① $\quad \lambda \implies \lambda + 0$

② $\quad \frac{5}{4}\lambda \implies \lambda + \frac{1}{4}\lambda$

③ $\quad \frac{3}{2}\lambda \implies \lambda + \frac{1}{2}\lambda$

④ $\quad \frac{7}{4}\lambda \implies \lambda + \frac{3}{4}\lambda$

其中只有選項③多出了半個波長（$\frac{1}{2}\lambda$）。

問題2的解答　　③

楔形干涉

　　如圖所示，兩片透明玻璃板的一端在O點位置重疊，另一端附近的點P則夾住鋁箔，並從上方照射波長 λ 的單色光。令空氣的絕對折射率為1。

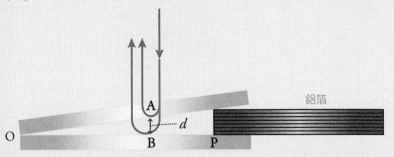

問1 從玻璃板上方往下看，上玻璃板的下面A點有反射光，下玻璃板的上面 B 點也有反射光，兩者干涉產生亮線。請從以下①～④的選項中，選出 A 點與 B 點上，距離 d 與波長 λ 的正確關係式。令 m＝0、1、2……。

$$① \quad d = \lambda (m+1) \qquad ② \quad d = \lambda \left(m + \frac{1}{2}\right)$$

$$③ \quad d = \frac{\lambda}{2}(m+1) \qquad ④ \quad d = \frac{\lambda}{2}\left(m + \frac{1}{2}\right)$$

問2 假設點 P 夾住 N 片鋁箔時，亮線的間隔為 D。那麼每增加一片鋁箔，亮線間隔會變成多少？請從以下①～⑥的選項中選出正確答案。

$$① \quad \sqrt{\frac{N}{N+1}}\,D \qquad ② \quad \frac{N}{N+1}D \qquad ③ \quad \left(\frac{N}{N+1}\right)^2 D$$

$$④ \quad \sqrt{\frac{N+1}{N}}\,D \qquad ⑤ \quad \frac{N+1}{N}D \qquad ⑥ \quad \left(\frac{N+1}{N}\right)^2 D$$

問3 在玻璃板之間灌滿絕對折射率 n 的透明液體。請從以下①～⑤的選項中，選出此時對OP之間亮線間隔的正確敘述。令 n 小於玻璃的絕對折射率，且大於1。

①亮線間隔沒有變化。

②光的波長在液體中會變成 $n\lambda$，所以亮線間隔會增加。

③光的波長在液體中會變成 $n\lambda$，所以亮線間隔會減少。

④光的波長在液體中會變成 $\dfrac{\lambda}{n}$，所以亮線間隔會增加。

⑤光的波長在液體中會變成 $\dfrac{\lambda}{n}$，所以亮線間隔會減少。

—— 2004年度 日本大學學測考題 （修改版）——

● 解答·解說 ●

問題1 讓我們用「光的干涉1・2・3」（183頁）來解題。B點所反射的光，比A點所反射的光要多跑了一趟AB，所以路徑差為 $2d$（步驟①）。由於路徑差不在任何物質中，所以不需要修正光路差（步驟②）。接著確認反射。反射位置是A與B，先畫 ○。A點反射是由「密」到「疏」的反射，維持 ○ 不變；B點反射是由「疏」到「密」的反射，相位翻轉。如右圖所示，將 ○ 改為 ◎（步驟③）。

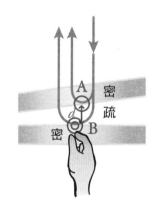

由於 ◎ 是奇數個，所以要對調一般的條件式。

相長條件　　　$2d = m\lambda + \dfrac{1}{2}\lambda$　　……算式①

相消條件　　　$2d = m\lambda$　　……算式②

根據問題描述，使用相長條件式①解出 d，整理得到以下結果。

$$d = \frac{\lambda}{2}\left(m + \frac{1}{2}\right)$$

答案是選項④。

問題1的解答　　④

問題2 先求出亮線的位置 x，再來考慮亮線間隔 D。如下圖所示，假設從原點O到亮線的距離為 x，OP之距離為 L。又，單片鋁箔厚度為 a，N 片鋁箔厚度為 Na。Na 就是CP之間的長度。

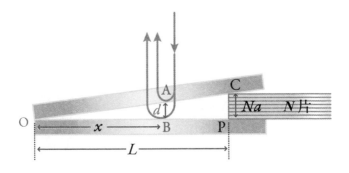

如上圖所示，$\triangle$AOB與$\triangle$COP近似，故可寫出以下關係式。

$$x : d = L : Na \qquad d = \frac{Nax}{L}$$

將這個 d 代入算式①、算式②的條件式，得到

相長條件　$\frac{2Nax}{L} = m\lambda + \frac{1}{2}\lambda$　……算式①′

相消條件　$\frac{2Nax}{L} = m\lambda$　……算式②′

根據相長條件式①′算出亮線的位置 x，得到

$$x = \frac{L}{2Na}\left(m\lambda + \frac{1}{2}\lambda\right) \qquad \text{……算式①″}$$

我們知道了亮線的位置 x。接著來算亮線與亮線的間隔。在算式①″代入 $m = 0$，求出離原點O最近的亮線位置 x_0，如下。

$$x_0 = \frac{L\lambda}{4Na}$$

接著在算式①″代入 $m = 1$，求出下一條亮線的位置 x_1，如下。

$$x_1 = \frac{3L\lambda}{4Na}$$

兩者位置標示在下一頁的圖中。

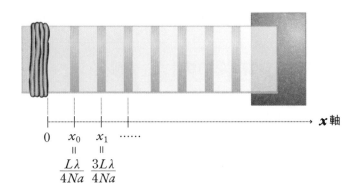

亮線與亮線的間隔 D 等於 x_1 減去 x_0，結果如下。

$$D = x_1 - x_0 = \frac{2L\lambda}{4Na} = \frac{L\lambda}{2Na} \qquad \cdots\cdots 算式③$$

接著來考慮增加一片鋁箔之後，亮線的間隔D′ 為何。在算式③的 N 中代入 $N+1$，得到

$$D' = \frac{L\lambda}{2(N+1)a} \qquad \cdots\cdots 算式④$$

但是本題答案選項只能使用 N 與 D，所以我們要把 $\frac{L\lambda}{a}$ 替換掉。將算式③轉換之後，得到 $\frac{L\lambda}{a} = 2ND$。再將這結果代入算式④，得到以下結果。

$$D' = \frac{N}{N+1} D$$

答案是選項②。

問題2的解答　　②

問題3 觀察亮線間隔算式③，來探討灌入液體之後，D 會有何改變。折射率表示縮減率，在玻璃板之間灌入折射率 n 的液體，則光線在其中的波長 λ′就會縮短為 $\frac{\lambda}{n}$。假設此時的條紋間隔為 D″，在波長變成 $\frac{\lambda}{n}$ 的情況下，D″ 如下。

$$D'' = \frac{L}{2Na} \lambda' \cdots \frac{\lambda}{n}$$
$$= \frac{L}{2Na} \frac{\lambda}{n}$$

根據算式③，$D = \frac{L\lambda}{2Na}$，所以

$$D'' = \frac{1}{n} \times D$$

比較 D'' 與D，得知 D'' 縮短為 $\frac{1}{n}$（n 大於1）。所以正確選項是⑤「光的波長在液體中會變成 $\frac{\lambda}{n}$，所以亮線間隔會減少」。

問題3的解答 ⑤

第四堂課總結

使用「光的干涉1・2・3」就能應付所有題目。

● 光的干涉1・2・3 ●

❶ 畫圖求出路徑差 ΔL

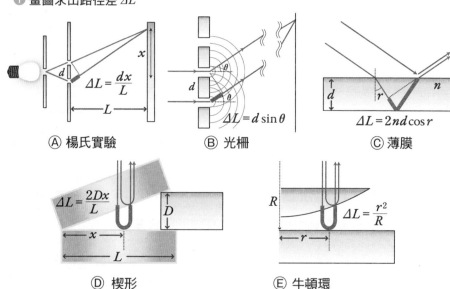

$$\Delta L = \frac{dx}{L}$$

Ⓐ 楊氏實驗

$$\Delta L = d\sin\theta$$

Ⓑ 光柵

$$\Delta L = 2nd\cos r$$

Ⓒ 薄膜

$$\Delta L = \frac{2Dx}{L}$$

Ⓓ 楔形

$$\Delta L = \frac{r^2}{R}$$

Ⓔ 牛頓環

❷ 若光線進入物質中,要乘上折射率 n 修改為光路差

❸ 在反射點畫 ◯。如果碰到「疏」→「密」反射就改畫 ◎。若 ◎ 有奇數個,條件式就對調。

| 相長 | $\Delta L = \boxed{m\lambda + \dfrac{1}{2}\lambda}$ |

| 相消 | $\Delta L = \boxed{m\lambda}$ |

對調

從零開始
波函數寫法

```
┌─────────────────────┐      ┌────────────────────────────────────┐
│        [1]          │  ┌──▶│  [2]    聲波 弦・氣柱的振動          │
│      第一堂課        │  │   │  第二堂課    駐波 + 反射             │
│                     │  │   └────────────────────────────────────┘
│   波的表現方式      │  │   ┌────────────────────────────────────┐
│   與五大性質        │──┼──▶│  [3]    聲波 都卜勒效應              │
│                     │  │   │  第三堂課    圓形波                  │
│   圓形波  反射      │  │   └────────────────────────────────────┘
│                     │  │   ┌────────────────────────────────────┐
│  折射  干涉  駐波   │  └──▶│  [4]    光波 光的干涉               │
└─────────────────────┘      │  第四堂課  干涉 + 反射 折射          │
           ▲                 └────────────────────────────────────┘
           │
           ▼
┌─────────────────────┐
│ 補課   從零開始      │
│        波函數寫法    │
└─────────────────────┘
```

$$y = A \quad 2\pi f\left(t - \frac{x}{v}\right)$$

前言

　　為了加深對波的了解，讓我們用數學式來描述動來動去的波吧。這裡會碰到sin（正弦）、cos（餘弦）等新符號，所以會比較困難。但如果能寫出波的算式，將會有助於了解波的範圍之外的力學等速圓周運動、電學交流電等進階物理。以下將從基礎中的基礎開始說明，請照順序逐步理解。

正弦・餘弦是什麼？

　　正弦、餘弦是使用直角三角形三邊長所定義的函數。如下圖所示，令直角三角形的邊長為 A、B、C，其中最長的 A 邊稱為斜邊。假設長度 A 的斜邊與長度 B 的底邊，夾角為 θ，則正弦和餘弦的定義如下圖左。

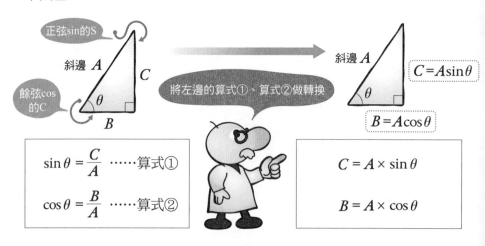

正弦sin的S

斜邊 A

餘弦cos的C

將左邊的算式①、算式②做轉換

斜邊 A

$C = A\sin\theta$

$B = A\cos\theta$

$$\sin\theta = \frac{C}{A} \cdots\cdots 算式①$$

$$\cos\theta = \frac{B}{A} \cdots\cdots 算式②$$

$$C = A \times \sin\theta$$

$$B = A \times \cos\theta$$

高中物理考題經常會給出角度與斜邊長，要求求出其他的邊長。所以只要記住208頁圖右的算式，解題就方便許多。

下圖是代表性的30°、45°、60° 直角三角形，以及它們的正弦、餘弦值。

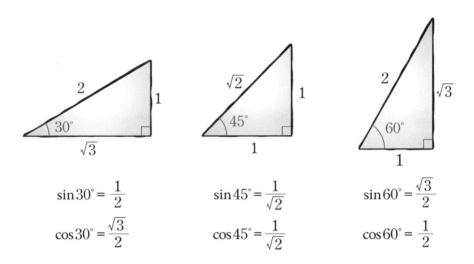

$$\sin 30° = \frac{1}{2}$$

$$\cos 30° = \frac{\sqrt{3}}{2}$$

$$\sin 45° = \frac{1}{\sqrt{2}}$$

$$\cos 45° = \frac{1}{\sqrt{2}}$$

$$\sin 60° = \frac{\sqrt{3}}{2}$$

$$\cos 60° = \frac{1}{2}$$

這些代表性的正弦、餘弦值，要背到滾瓜爛熟才行。比方說一聽到「sin 30° 是多少？」就立刻能回答「$\frac{1}{2}$」。

話說回來，為什麼理解波，會需要用到以直角三角形定義的正弦、餘弦呢？因為使用正弦、餘弦就能表示「波的型態」。

正弦・餘弦與波的關係

如下一頁的圖所示，有一個以原點為中心，半徑為 A 的圓。圓上有一顆球，以一定速度繞著圓轉圈圈。就用這個例子來說明。

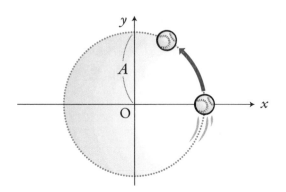

如右圖所示，探討球在某個位置（角度 θ 的位置）的情況。如果在圖中畫一個直角三角形，那麼球在 x 軸上的位置就是 $A\cos\theta$，球在 y 軸上的位置是 $A\sin\theta$。例如右下圖，$\theta = 30°$ 的時候，球在 y 軸上的位置就是 $A\sin 30°$，如下。

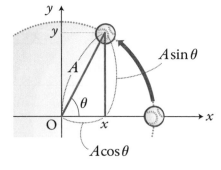

$$y = A \times \sin 30° = \frac{1}{2}A$$

以同樣方法計算45°、60°，結果如下。

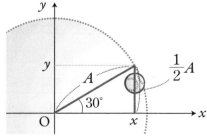

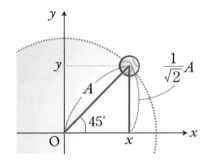

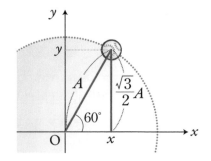

下圖將圓圈切成30°一個等份，標示出0～11號的球。然後將每顆球的高度（y軸上的位置＝$A\sin\theta$）擷取出來，整理在右圖中。

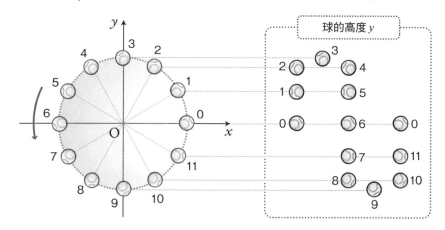

觀察球的高度（圖右），一開始是從原點上升（0～3），然後下降（3～9），最後再回到原點（9～0）。接著我們畫一個座標軸，以角度θ為橫軸，觀察球在不同角度下的高度。

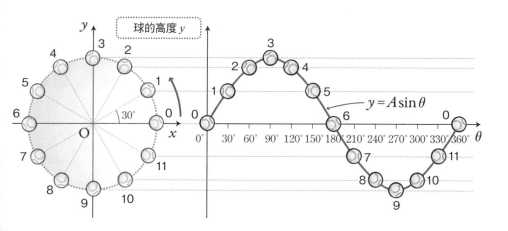

「啊！變成波形了！」

這條波形線是 $y=A\sin\theta$ 的圖形，表示球的高度。也就是說，正弦函數可以表示波形。

那麼餘弦也能像正弦一樣表現波形嗎？我們來看球在 x 軸上的位置（$A\cos\theta$）。以角度 θ 與球在 x 軸上的位置來畫圖，就成為右圖。

直著看不好看懂，所以我們將圖逆時針旋轉90°看看。

「啊！又變成波形了！」

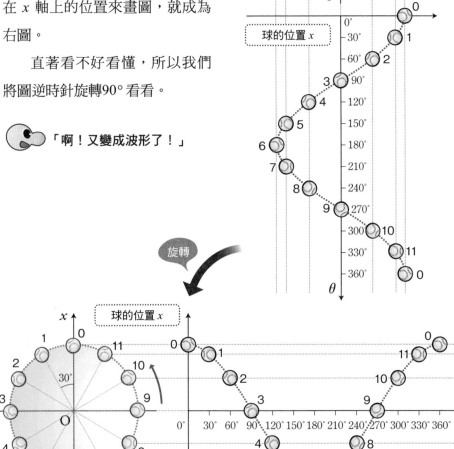

球的位置 x

旋轉

球的位置 x

這條波形線是 $x = A\cos\theta$ 的圖，表示球的位置 $A\cos\theta$。所以$\cos\theta$ 也能表現波形。餘弦和正弦的差別，在於正弦的起點是「原點」，餘弦的起點是「波峰」。正弦和餘弦只是從不同角度，觀察同一個圓周運動罷了。

角度與弧度

這裡要介紹一個新單位，叫做弧度（rad）。正弦、餘弦等三角函數的角度 θ，通常都以弧度為單位。這個單位是將360°（一圈）標示為「2π」。半圈的 π 就是180°。下圖整理出各個弧度對應的正弦和餘弦值。若還不熟練，可以回頭參考下表。

一個波相當於2π。

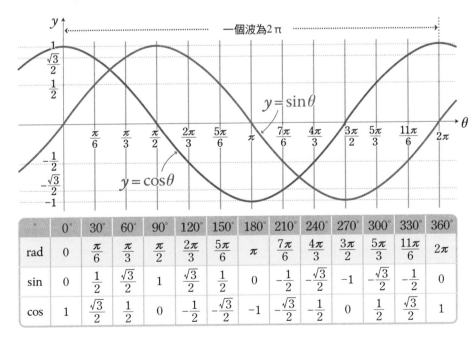

°	0°	30°	60°	90°	120°	150°	180°	210°	240°	270°	300°	330°	360°
rad	0	$\frac{\pi}{6}$	$\frac{\pi}{3}$	$\frac{\pi}{2}$	$\frac{2\pi}{3}$	$\frac{5\pi}{6}$	π	$\frac{7\pi}{6}$	$\frac{4\pi}{3}$	$\frac{3\pi}{2}$	$\frac{5\pi}{3}$	$\frac{11\pi}{6}$	2π
sin	0	$\frac{1}{2}$	$\frac{\sqrt{3}}{2}$	1	$\frac{\sqrt{3}}{2}$	$\frac{1}{2}$	0	$-\frac{1}{2}$	$-\frac{\sqrt{3}}{2}$	-1	$-\frac{\sqrt{3}}{2}$	$-\frac{1}{2}$	0
cos	1	$\frac{\sqrt{3}}{2}$	$\frac{1}{2}$	0	$-\frac{1}{2}$	$-\frac{\sqrt{3}}{2}$	-1	$-\frac{\sqrt{3}}{2}$	$-\frac{1}{2}$	0	$\frac{1}{2}$	$\frac{\sqrt{3}}{2}$	1

波的四種型態

請記住最常出現的四種波的型態。

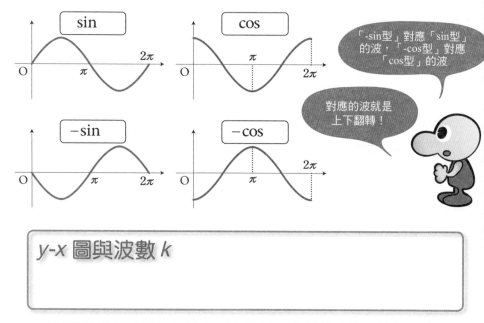

「-sin型」對應「sin型」的波，「-cos型」對應「cos型」的波

對應的波就是上下翻轉！

y-x 圖與波數 *k*

接著就使用正弦、餘弦等三角函數，來探討「波」的數學式。假設現在有如下圖所示的波。

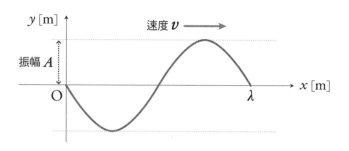

觀察波形，發現是四型態中的「−sin型」。正弦、餘弦等三角函數，規定上 θ 必須包含弧度單位[rad]（或是角度°）。例如$\sin 2\pi$ 等等。這裡的 x 單位為公尺[m]，所以不能寫成下面這樣。

$$y = -A\sin \boxed{x} \qquad \textbf{✗}$$

為了將[m]修改為[rad]，我們準備了一個新符號 k，單位為[rad/m]。用 k 乘上 x，單位就變成rad。

$$k[\mathrm{rad/m}] \times x[\mathrm{m}] = kx[\mathrm{rad}]$$

單位成為弧度，所以 kx 都包含在sin之中。

$$y = -A\sin \boxed{kx} \qquad \bullet$$

這就是前面 y-x 圖的波函數。

接著來探討 k。請看下圖。

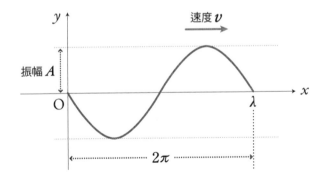

當 x 代入 λ，就代表一整個波，因此三角函數中的 kx 必須等於 2π。於是我們可以將 k 定義如下。

$$y = -A \sin \boxed{k \, x}$$

① λ

② 2π

當 x 代入 λ（①），kx 就等於 2π（②），所以

$$k\lambda = 2\pi$$

解出 k 可以得到

公式　　　　　　　　$$k = \dfrac{2\pi}{\lambda}$$

這就是 k 的值，k 也稱為波數。

y-x 圖與角頻率 ω

　　「表示某個位置上的介質隨時間產生的變化，就是 y-t 圖」這也可以和 y-x 圖一樣以數學式來表示。我們來看看下圖隨時間變化的介質。

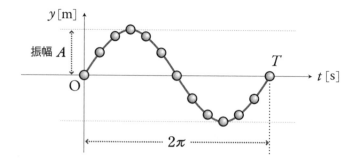

可以發現圖形屬於「sin型」。若使用與 y-x 圖相同的方法，就可

以將 *y-t* 圖寫成以下的式子。

$$y = A\sin \boxed{\omega t}$$

而sin裡面一定要是弧度單位。所以用 *y-x* 圖的作法，準備一個單位為[rad/s]的符號ω，與 *t* 相乘，將t的單位[s]換成[rad]。

$$\omega[\text{rad/s}] \times t[\text{s}] = \omega t[\text{rad}]$$

這時候ω的值又會是什麼？請回頭看上一頁的 *y-t* 圖。在時間 *t* 剛好等於週期 *T* 的時候，ωt 應該要是2π。所以 *t* 代入 *T*，要符合$\omega t = 2\pi$，如下。

$$y = A\sin \boxed{\omega\, t} \quad\cdots\cdots ① \; T$$
$$\cdots\cdots ② \; 2\pi$$

對 *t* 代入 *T*（①），ωt要等於2π（②），所以

$$\omega T = 2\pi$$

解出ω如下。

$$\boxed{公式} \qquad \omega = \frac{2\pi}{T}$$

這個ω就稱為角頻率。順便記一下，將 *T* 換成$\frac{1}{f}$，可以寫成下面的頻率公式。

$$\boxed{公式} \qquad \omega = \frac{2\pi}{T} = 2\pi f$$

動態波函數的寫法

　　波函數的準備完成了。接著來列出「隨時間移動的波，在所有位置上的波函數」。波形（ y-x 圖）會隨時間移動。每個形成波的介質上下振動，振動位置各自偏移（ y-t 圖）。我們要試著用一則數學式，來表示如此複雜的波動現象。

　　再看一次波移動的時候，介質有何動態。請看下圖。

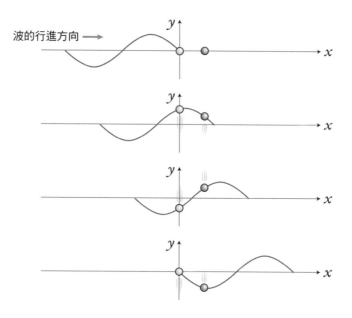

　　白球表示原點上的介質，藍球表示原點附近的介質。這時有一個波通過了。兩顆球會如下一頁的圖所示，白球先上下振動，再換藍球上下振動。

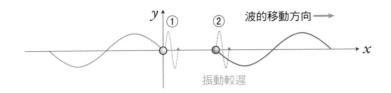

為了看清楚白球與藍球的高度隨時間如何變化，我們取一個垂直於紙面的時間軸（t 軸），再看一次圖形。

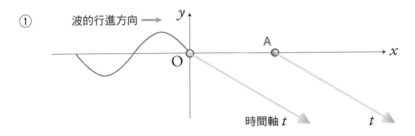

波進入原點了。

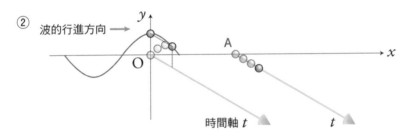

原點的白球先開始振動。

藍球尚未開始振動。

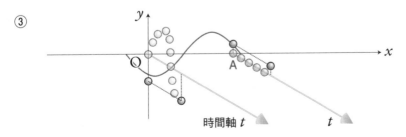

④

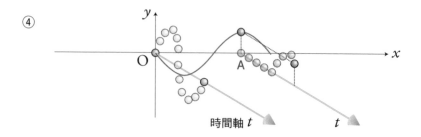

當一整個波通過原點，白球就上下振動一次。

此時波已經抵達藍球所在的位置A，所以藍球開始振動。

⑤

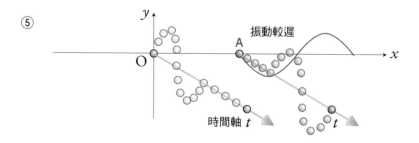

當波通過原點，藍球與白球都上下振動了一次。

　　我們知道原點的白球會先振動，然後A點的藍球會隔一段時間差後才和白球做一樣的振動。這就代表……

「只要寫出原點白球的波函數，再換其他時間，就能表示某個位置A的振動情況！」

　　正是如此。那我們就來寫原點白球的算式（步驟①），然後改變時間（步驟②），寫出某個位置 x 的藍球公式吧。

STEP ① 原點的球波函數

　　原點的白球會如何移動呢？下圖是原點的 y-t 圖。

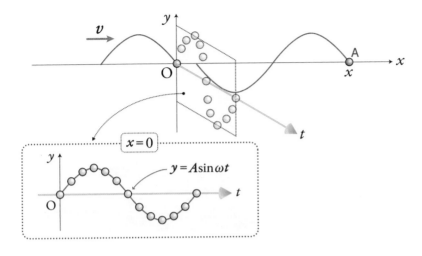

如圖所示，這個波會使原點球產生sin型振動。所以可寫成 $y =$
$A\sin\omega t$。

STEP ② 藍球波函數

讓原點白球產生振動的波，也會讓某個位置A的藍球產生相同振
動。請看下圖。

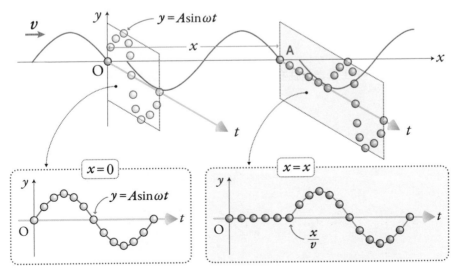

假設波速為 v，藍球離原點的位置為 x，則波的前端抵達藍球時，是通過原點的 $\dfrac{x}{v}$ 秒後。所以 $\dfrac{x}{v}$ 秒之後，藍球會進行與白球相同的振動。

也就是說，某位置A的藍球波函數，是讓白球波函數（$y = A\sin\omega t$）延遲 $\dfrac{x}{v}$ 秒，等於往右移動 $\dfrac{x}{v}$ 就對了。

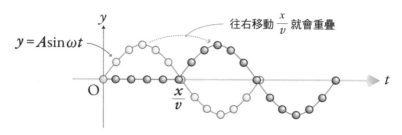

$y = A\sin\omega t$

往右移動 $\dfrac{x}{v}$ 就會重疊

要讓圖往右移動 $\dfrac{x}{v}$，只要把 $y = A\sin\omega t$ 的變數 $[t]$ 換成 $[t - \dfrac{x}{v}]$ 就好。所以藍球的振動算式如下。

$$y = A\sin\omega\left(t - \frac{x}{v}\right)$$

這就是波的基本公式。也就是某個位置 x 上的介質，隨時間變化的情況。大功告成！

「等一下！既然是往右移動，為什麼不是 t 加上 $\dfrac{x}{v}$ 呢？」

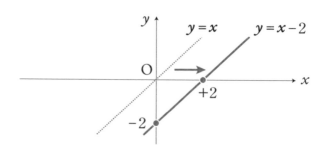

以上一頁的下圖來舉例，如果要讓 $y=x$ 的函數往右移動兩個刻度，函數會變成 $y=x-2$，而不是 $y=x+2$。

可見要讓圖往右移動，只要把[x]換成[$x-$想移動的數字]即可。

波函數的意義

波的基本公式如下。

| 波的基本公式 | $$y=A\boxed{}\omega\left(t-\dfrac{x}{v}\right)$$ |

※請在□中填入四種類型（參考214頁）之一

這道算式的變數有 y、t、x 三個。只要將介質位置 x 與時刻 t 代入算式中，就能得到介質高度 y。高中數學很少用到有三個變數的算式。所以我畫了它的電腦圖形，以幫助各位理解算式的意義。

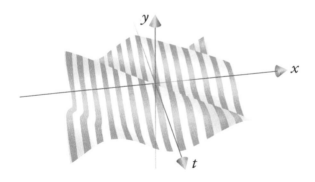

「哇！好像窗簾喔！」

藍白條紋表示介質在各個位置的振動情況。

當原點的介質振動，旁邊介質的振動時間會稍有偏差，所以形成

了窗簾般的波導形狀。

接著讓我們試著挑戰寫出波函數的考題。

例題   training

下圖中的波，振幅為2m，速度為4m/s，請寫出其數學式。
可使用角頻率 ω。

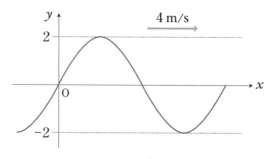

我們可以用以下三步驟來寫出波函數。

波函數 1 · 2 · 3

①確認圖為 y-x 圖，將波形稍微錯開

②畫出原點介質的 y-t 圖

$$y = A\boxed{}\omega t \quad \text{※於□中填入類型}$$

③將「t」換成「$t - \dfrac{x}{v}$」

※往 x 軸反方向前進的波，要將「v」換成「$-v$」

❶ 確認圖為 *y-x* 圖，將波形稍微錯開

在橫軸的 *x* 上畫○，確認此圖是 *y-x* 圖（*y-x* 圖與 *y-t* 圖的意義完全不同）。然後將波形往移動方向稍微錯開一些。關鍵就是這個「稍微」。如果錯開太多，就不知道原點介質接下來是會往上或往下了。

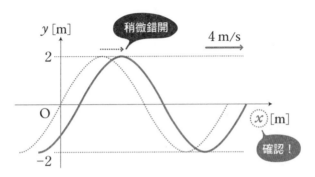

❷ 畫出原點介質的 *y-t* 圖

檢查位於原點的介質是何種動態。如下圖所示，介質原本位於 *y*= 0，接下來的瞬間會往下移動。

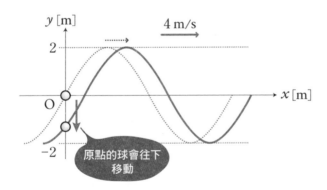

由此可知原點的介質會隨著時間往下移動，如下一頁的 *y-t* 圖所示。

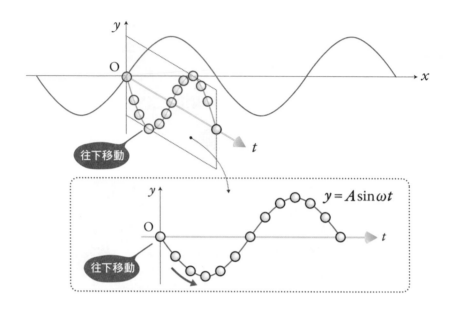

這個 y-t 圖屬於「$-\sin$型」。所以原點的介質公式如下。

$$y = A \boxed{} \omega t$$
$$\underset{-\sin}{\uparrow}$$

$$\Rightarrow \quad y = -A\sin\omega t$$

❸ 將「t」換成「$t - \dfrac{x}{v}$」

　　像這種往 x 軸正向前進的波，把上面算式中的「t」換成「$t - \dfrac{x}{v}$」，就可以寫成某個位置 x 的波函數。根據問題所述，將「A」代入 2，「v」代入4，就可得到以下結果。

$$y = -\underset{2}{\textcircled{A}}\sin\omega\left(t - \frac{x}{\underset{4}{\textcircled{v}}}\right)$$

$$y = -2\sin\omega\left(t - \frac{x}{4}\right)$$

這就是正確解答！如果波是往反方向前進時，就請「v」代入「$-v$」。

波函數的變形

　　我們已經使用「波函數1‧2‧3」，將 y-x 圖轉換成變動的波函數。接下來要做的剛好相反，是要找出「波的要素」，好從「波函數」反推出 y-x 圖。請看下面的波函數。

$$y = -2\cos 6\pi (4t - 2x)$$

　　你可以從式子裡找出波長 λ 或週期 T 嗎？必須先把函數轉換得更簡單，讓人一眼就看出 λ 和 T。這就是接下來要介紹的「2π 函數」。

2π 波函數	$y = A\boxed{} 2\pi \left(\dfrac{t}{T} - \dfrac{x}{\lambda} \right)$

　　在（ ）之外有 2π，所以稱為「2π 函數」。只要跟這 2π 函數做比較，立刻就能求出 λ 和 T。雖然這公式不用背，但請記住推導流程，最好隨時都能動手轉換。

導出「2π 波函數」

2π 算式正如其名，關鍵就在於抽取出 2π。讓我們從基本公式開始。

基本波函數

$$y = A\;\boxed{}\;\omega\!\left(t - \frac{x}{v}\right)$$

根據公式 $\omega = 2\pi f$，將基本數學式中的 ω 換成 $2\pi f$。

$$y = A\;\boxed{}\;\overset{\overset{\omega}{=}}{2\pi f}\!\left(t - \frac{x}{v}\right)$$

將 f 搬到括弧中。

$$y = A\;\boxed{}\;2\pi\!\left(ft - f\frac{x}{v}\right)$$

代入 $f = \dfrac{1}{T}$、$v = f\lambda$，加以整理。

$$y = A\;\boxed{}\;2\pi\!\left(f\,t - f\frac{x}{v}\right)$$

$$f = \frac{1}{T} \qquad v = f\lambda$$

2π 波函數

$$y = A\;\boxed{}\;2\pi\!\left(\frac{t}{T} - \frac{x}{\lambda}\right)$$

「2π 波函數」完成了。

如何使用「2π 波函數」

　　我們要如何從數學式中找出波長 λ、速度 v、週期 T 等波的要素呢？訣竅就是將 2π 抽取到括弧之外，然後與「2π 波函數」作比較。回到剛才的問題，讓我們抽出 2π。

$$y = -2\cos 6\pi(4t - 2x)$$

想單獨抽出 2π，就把 6π 變成 $2\pi \times 3$，再將 3 放入括弧中。

$$y = -2\cos 2\pi \times 3\,(4t - 2x)$$
$$= -2\cos 2\pi(12t - 6x)$$

將這則式子與 2π 波函數作比較，結果如下。

$$y = -2\,\cos 2\pi(12\,t - 6\,x)$$

$\boxed{2\pi \text{算式}}$
$$y = A\ \square\ 2\pi\left(\frac{1}{T}t - \frac{1}{\lambda}x\right)$$

$$A = 2、\ \frac{1}{T} = 12、\ \frac{1}{\lambda} = 6$$

※ A 並不是 -2。這裡的「$-$」是表示「$-\cos$ 型」

　　由以上公式，就可求出振幅 A、週期 T、波長 λ。知道了 T 與 λ，就可以使用 $f = \frac{1}{T}$ 和 $v = f\lambda$ 的公式，求出 f 和 v。

　　補課就到此結束！最後讓我們來解題吧。

問1 請以波函數表示下圖中的波。

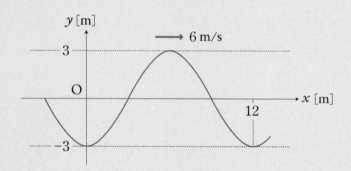

問2 請從以下數學式，畫出時間 0 之波形的 y-x 圖，以及表示原點（$x=0$）之介質動態的 y-t 圖。

$$y = 2\cos 4\pi\left(t - \frac{x}{5}\right)$$

● 解答・解說 ●

問題1 按照「波函數1・2・3」的順序來列出算式。

① 確認圖為 y-x 圖，將波形稍微錯開

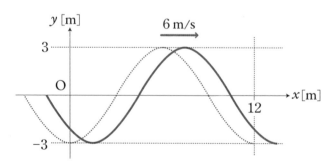

② 畫出原點介質的 y-t 圖

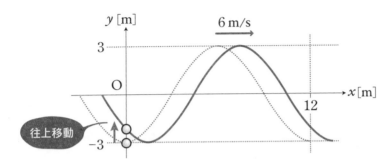

注意原點的介質，在時刻0的瞬間剛好位於波谷的谷底，即將隨著時間往上移動。因此畫出原點介質的 y-t 圖如下。

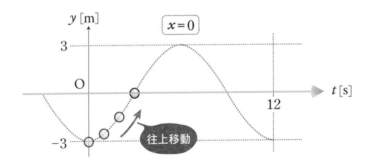

這個類型是「－cos型」，所以原點的波函數如下。

$$y = -A\cos\omega t$$

③ 將「t」換成「$t - \dfrac{x}{v}$」

$$y = -A\cos\omega t \quad \rightarrow \quad y = -A\cos\omega\left(t - \dfrac{x}{v}\right)$$

　　將問題條件中既有的數字代入式子中。這則式子可以轉換為以下的2π波函數。

$$y = -A\cos 2\pi\left(\frac{t}{T} - \frac{x}{\lambda}\right)$$

　　根據 y-x 圖，得知振幅 $A=3$，波長 $\lambda =12$。請求出週期 T。根據 $v=f\lambda$，代入 $v=6$、$\lambda =12$，求得 $f=0.5$。再根據 $T=\frac{1}{f}$，並將0.5帶入 f，就能得到 $T=2$。

　　將 A、T、λ 代入2π算式中，可以得到

$$y = -3\cos 2\pi\left(\frac{t}{2} - \frac{x}{12}\right)$$

波函數就完成了。

問題2 將問題中的波函數轉換為「2π 波函數」。先把4π拆成2π×2。

$$y = 2\cos 2\pi \times 2\left(t - \frac{x}{5}\right)$$

多出來的2放入括弧中。

$$y = 2\cos 2\pi\left(2t - \frac{2x}{5}\right)$$

比較上面的兩個式子，得到

$$A=2、\quad \frac{1}{T}=2、\quad \frac{1}{\lambda}=\frac{2}{5}$$

　　於是求出振幅為2，週期為0.5，波長為2.5。根據 $v=f\lambda$ 來求出波速，如下。

$$v = f\lambda = \frac{\lambda}{T} = 5\,\text{m/s}$$

（λ 標示為 2.5，T 標示為 0.5）

接著來畫 $y\text{-}t$ 圖與 $y\text{-}x$ 圖。觀察波函數，發現原點介質進行的是cos型振動。

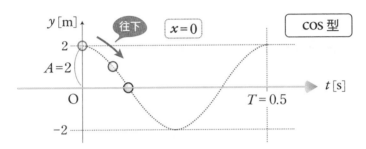

週期為0.5秒，振幅為2，將兩項資訊分別填入圖中。這樣 $y\text{-}t$ 圖就大功告成了！又根據 $y\text{-}t$ 圖，原點介質是從波峰頂上開始，慢慢往下移動，所以 $y\text{-}x$ 圖會如下。

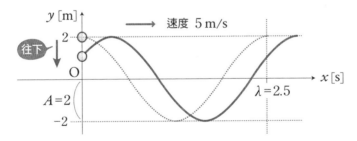

原點介質圖，可能是從一開始振幅 $A=2$的高度，隨著波形往右移動而慢慢下降。波長2.5m，振幅2m，兩項資訊分別填入圖中。這樣 $y\text{-}x$ 圖就大功告成。

補課就到這裡結束。附錄③收錄了「反射波的波函數」，請搭配本章節閱讀。

補課總結

用以下三步驟來寫出波函數。
關鍵在於注意原點介質的 $y\text{-}t$ 圖。

● 波函數的 1 · 2 · 3 ●

❶ 確認圖為 $y\text{-}x$ 圖，將波形稍微錯開

❷ 畫出原點介質的 $y\text{-}t$ 圖

$$y = A \boxed{} \omega t$$ ※於□中填入類型

❸ 將「t」換成「$t - \dfrac{x}{v}$」

※往 x 軸反方向前進的波，要將「v」換成「$-v$」

請記住 2π 波函數，
才能從波函數畫出波形圖。

● 2π 波函數 ●

$$y = A \boxed{} 2\pi \left(\dfrac{t}{T} - \dfrac{x}{\lambda} \right)$$

下課

各位讀者辛苦了！

　　波的這門課學得如何？腦中有出現波形了嗎？波的領域與力學不同，不能總結成一則單純的「運動方程式」。本書所介紹的「弦・氣柱的振動」、「都卜勒效應」、「光的干涉」，解法都各不相同。但是宏觀來看，基礎都建立在「波的性質」之上。請再複習一次本書的內容。

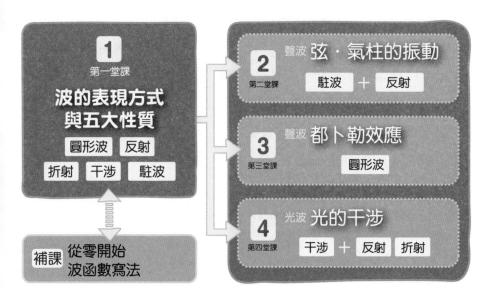

　　波具有粒子無法比擬的獨特性質。只要掌握波的五大性質，波動就不足為懼了。

●「弦・氣柱的振動」　　……只要畫出駐波的葉片
●「都卜勒效應」　　　　……只要畫出音速與觀測者的圖
●「光的干涉」　　　　　……只要畫出路徑差的位置

　　就能解決任何難題。物理最大的竅門，就是「畫圖說故事」。

　　最後我要說，如果靠本書學會「波動」，並以本書前作《桑子老師教你123解物理》學會「力學」，就肯定能在大學學測上拿取高分。文末附有作業，請自行練習。碰到不懂的地方可以回頭看看內文，想想怎麼畫圖。一定有人想學好波動。請各位可以參考其他的書籍，挑戰更多問題，加深理解程度。

　　　　　　　　從「Physics」到「物理」！

作業・綜合題・附錄

第1題

　　如圖1所示，有喇叭A、B相隔一段很長的距離，在A、B所連成的直線上，以測量器P測量聲波。兩組喇叭連接於振盪器上，對著P點發出頻率與振幅都相同的平面聲波。令此時無風，且音速為定值。

喇叭
A

測量器 P

喇叭
B

振盪器

圖1

問題1　同時從A、B發射聲波，發現B發出的聲音比A發出的聲音晚了時間 T 才抵達P點。假設PA之間的距離為 L，音速為 V，請從以下①～⑤的選項中選出一個正確的PB距離。

① VT 　　　② $L-VT$ 　　　③ $L+VT$

④ $L-2VT$ 　　⑤ $L+2VT$

問題2　接著，從A、B發出頻率相同的聲波，然後將P點設定在A、B之間的任意位置測量聲波，發現每間隔1.0m就有一個聲音最大的位置。由此可知A、B之間形成駐波。請問喇叭所發出的聲波頻率是多少Hz？

從以下①～⑥的選項中選出最接近的數值。令音速為340m/s。

①　680　　　　②　510　　　　③　340

④　170　　　　⑤　85　　　　⑥　34

（2009年度中心考試　修改）

第2題

　　如圖2所示，假設P先生的家與消防局位在同一條直線道路上。有一輛救護車鳴笛從消防局出發，以一定速度走了一段時間之後停車。假設笛聲頻率為定值 f_0，請探討P先生從家裡聽到的救護車笛聲頻率。令消防局與P先生的家，將直線道路區分為A、B、C三段。

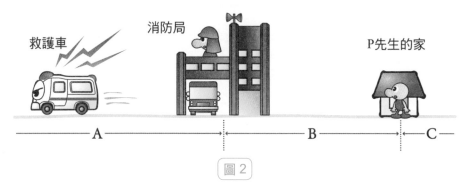

救護車　　　消防局　　　　　　　　　P先生的家

———A———｜———B———｜—C—

圖2

問題1 救護車從消防局出發，停在範圍A。此時P先生所聽到的聲音頻率，會隨時間產生何種變化？如果停在範圍C又有何種變化？請從以下①～④的選項中選出最適合的圖形。

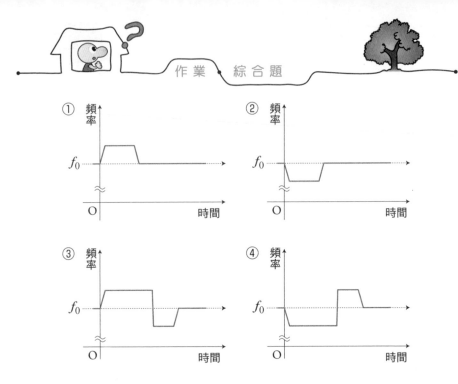

問題2 救護車從消防局出發，以定速行駛時間 T_0 之後停車。此時P先生所聽到的笛聲頻率，會產生如圖3所示的變化。那麼圖3中，聽到頻率 f_1 的時間 T_1，是時間 T_0 的幾倍？請從以下①～⑤的選項中，選出最適當的一個。

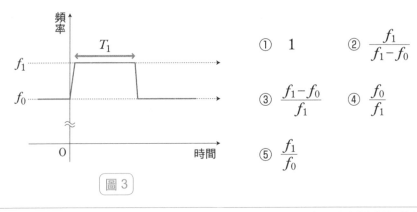

① 1 ② $\dfrac{f_1}{f_1-f_0}$

③ $\dfrac{f_1-f_0}{f_1}$ ④ $\dfrac{f_0}{f_1}$

⑤ $\dfrac{f_1}{f_0}$

圖3

（2008年度中心考試 修改）

第3題

　　如圖4所示，將波長 λ 的平行光線，斜向射入透明且厚度平均的薄膜中，並於右側觀察反射光。光線1在薄膜表面的D點反射。光線2從B點進入薄膜內，在薄膜背面的C點反射，並透過D點再次回到空氣中。令空氣的絕對折射率為1，薄膜的絕對折射率為 n（$n>1$），真空中的光速為 c。且圖中的虛線AB為光線的波前。

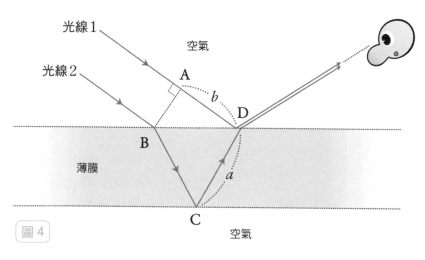

圖4

問題1 假設薄膜中的光線波長為 λ'，光速為 c'，可寫成以下算式。

$$\lambda' = \alpha\lambda \cdot c' = \beta c$$

請從以下①～⑥的選項中，選出正確的 α、β 組合。

① $(\alpha 、\beta) = (1、n)$　　　　② $(\alpha 、\beta) = \left(n、\dfrac{1}{n}\right)$

③ $(\alpha 、\beta) = \left(\dfrac{1}{n}、\dfrac{1}{n}\right)$　　④ $(\alpha 、\beta) = (n、1)$

⑤ $(\alpha 、\beta) = \left(\dfrac{1}{n}、n\right)$　　　⑥ $(\alpha 、\beta) = (n、n)$

問題2 假設圖4中的CD距離為 a，AD距離為 b，請從以下①～⑥的選項中，選出光線1與光線2在薄膜反射之後能夠相長的正確條件。令 m 為正整數。

① $\left(\dfrac{2a}{\lambda'} - \dfrac{b}{\lambda'}\right) = m + \dfrac{1}{2}$　　② $\left(\dfrac{2a}{\lambda} - \dfrac{b}{\lambda}\right) = m + \dfrac{1}{2}$

③ $\left(\dfrac{2a}{\lambda'} - \dfrac{b}{\lambda'}\right) = m$　　　④ $\left(\dfrac{2a}{\lambda} - \dfrac{b}{\lambda}\right) = m$

⑤ $\left(\dfrac{2a}{\lambda'} - \dfrac{b}{\lambda}\right) = m$　　　⑥ $\left(\dfrac{2a}{\lambda'} - \dfrac{b}{\lambda}\right) = m + \dfrac{1}{2}$

（2006年中心考試　修改）

....
第 1 題
....

問題1 如下圖所示，從B點看來，其與點C的距離是與AP間相同的 L。

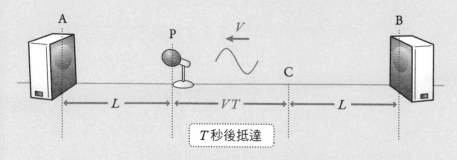

同時從A、B發出聲波，從A出發的聲波到達P點時，從B出發的聲波也到達了距離相同的C點。由於從B出發的聲波從C到測量器P，多花了 T 秒，所以CP之間的距離，就是音速 T 乘上持到的時間 T，等於 VT。

所以BP之間的距離為 $L + VT$。

> 問題1的解答　　③

問題2 問題說到「每間隔1.0m就有一個聲音最大的位置」，因此如下圖所示，聲波駐波的波腹間隔為1.0m。

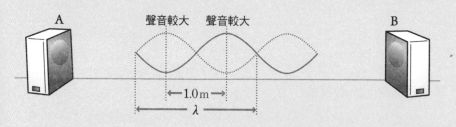

圖中的葉子有兩片，長度為2m，所以振幅 λ ＝2m。音速 v＝340m/s。
以 $v＝f\lambda$ 求出頻率，得到以下結果。

$$f = \frac{v}{\lambda} = 170\,[\mathrm{Hz}]$$

340m/s

λ＝2m

問題2的解答　　④

・・・
第2題
・・・

問題1 在解題之前，先來看都卜勒效應的示意圖。

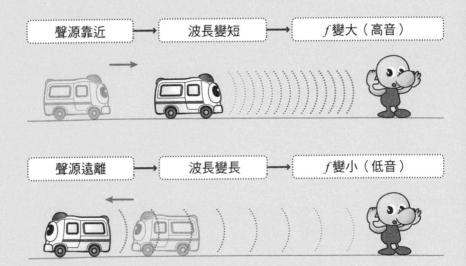

聲源靠近　→　波長變短　→　f變大（高音）

聲源遠離　→　波長變長　→　f變小（低音）

然後再來解題。

車子停在範圍A的時候

救護車從消防局出發，隨著時間的經過而逐漸駛離P先生的家。

此時的聲波波長會變長，聲音聽起來比 f_0 更低。當救護車抵達目的地而停車，聲音會恢復為原本的 f_0。所以要選擇圖②，一開始頻率比 f_0 小，後來恢復為 f_0。

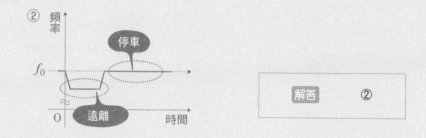

車子停在範圍C的時候

當救護車行駛在範圍B時，是往人在家中的P先生靠近，所以波長較短，聲音聽起來比 f_0 更高。當救護車通過範圍B進入範圍C，就開始遠離P先生的家，此時波長會變長，聲音聽起來也會比 f_0 更低。最後救護車停在範圍C，頻率又回到原本的 f_0。

所以頻率一開始比 f_0 大，通過眼前之後就比 f_0 小，最後又回到 f_0。所以答案選③。

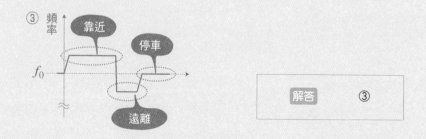

問題2 觀察圖3，發現頻率 f 是先變大再復原，可見救護車是往觀測者出發，然後在範圍B停車。我們來計算聽到聲音的時間 T_1。請看下圖。

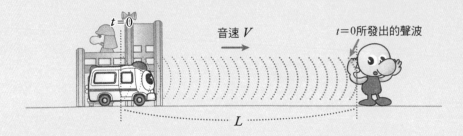

此圖表示救護車從消防局出發當下所發出的聲音如何抵達P先生的耳朵。假設消防局離P先生的家距離為 L，音速為 V，則在 $\dfrac{L}{V}$ 秒後會被P先生聽到。

接著考慮 T_0 秒之後的情況。如下圖，假設救護車以速度 v_s 移動，則 T_0 秒之後就移動了 $v_s T_0$。

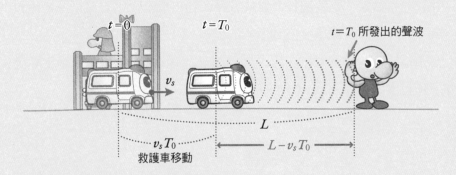

此時救護車與P先生的距離為 $L - v_s T_0$，所以在過了 T_0 秒的瞬間所發出的聲音，要花 $\dfrac{L - v_s T_0}{V}$ 的時間才能抵達P先生的位置。假設救護車出發的時間是 $t = 0$，則上圖的時間已經經過了 T_0 秒，所以聲音應該會

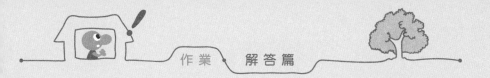

在 $\dfrac{L - v_s T_0}{V}$ 秒之後到達。

所以P先生聽到都卜勒效應的時間 T_1，應該是從聲音最早抵達P先生位置開始（$\dfrac{L}{V}$ 秒），到停車瞬間（T_0 秒）發出的聲音抵達P先生位置（$\dfrac{L - v_s T_0}{V}$ 秒）為止。如下。

$$T_1 = \left(\dfrac{L - v_s T_0}{V} + T_0 \right) - \dfrac{L}{V}$$

$$= \dfrac{V - v_s}{V} T_0 \qquad\qquad \cdots\cdots 算式①$$

我們求出了 T_1，但選項是以 f_0 與 f_1 來表示 T_1。所以要列出 f_0 與 f_1 的關係式，修改算式①的內容。

根據「都卜勒效應1・2・3」，P先生所聽到的都卜勒效應頻率如下。

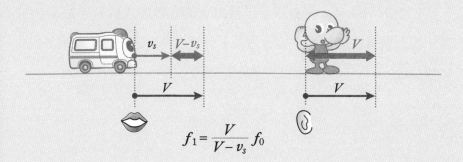

$$f_1 = \dfrac{V}{V - v_s} f_0$$

解出算式中的 $\dfrac{V - v_s}{V}$，結果如下。

$$\frac{V - v_s}{V} = \frac{f_0}{f_1} \qquad \text{……算式②}$$

將算式②代入算式①，得到

$$T_1 = \left(\frac{V - v_s}{V}\right) T_0 \quad \frac{f_0}{f_1}$$

$$= \frac{f_0}{f_1} T_0$$

這樣就能以 f_0 與 f_1 來表示 T_1。

所以答案為選項④。

> 問題2的解答　　④

第3題

問題1　折射率就是「縮減率」。波長 λ 的光線進入折射率為 n 的介質，波長就會縮短為 $\frac{\lambda}{n}$（$\alpha = \frac{1}{n}$）。另外在薄膜之中，光的速度也會減慢為 $\frac{C}{n}$（$\beta = \frac{1}{n}$）。所以答案是選項③。

> 問題1的解答　　③

問題2　目的是求干涉條件，所以就使用「光的干涉1・2・3」吧。

步驟①　畫圖求出路徑差 $\varDelta L$

　　首先確認路徑差的位置。先從D畫一條垂直於直線BC的垂線，假設垂線與BC交點為D′，則路徑差 $\varDelta L$ 就是「D′C＋DC」。已知CD長度

為 a，只要求出剩下的D′C長度即可。

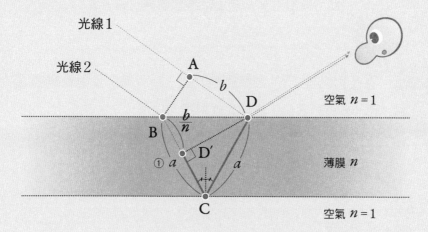

注意圖中的BC與CD，根據反射定律，C點的入射角等於反射角，所以BC長度等同於CD長度 a。又，藍色光線1從A往D前進了長度 b，這段時間內紅色光線2也以空氣中 $\frac{1}{n}$ 的速度，從B前進到D′，所以BD′可以表示為 $\frac{b}{n}$。根據這些條件，上圖中的D′C可導出如下的結果。

$$\mathrm{D'C} = a - \frac{b}{n}$$

所以路徑差 ΔL 如下。

$$\Delta L = \mathrm{D'C} + \mathrm{CD} = \left(a - \frac{b}{n}\right) + a = 2a - \frac{b}{n}$$

步驟②　若光線進入物質中，要乘上折射率 n 修改為光路差

　　薄膜中的路徑差 ΔL 位於物質之內，所以要乘上折射率 n 修改為光路差。

$$\Delta L' \text{ 光路差 } = n \times \Delta L \text{ 路徑差 } = 2an - b$$

步驟③　在反射點畫 ○。如果碰到「疏」→「密」反射就改畫 ◎。
　　　　若 ◎ 有奇數個，條件式就對調。

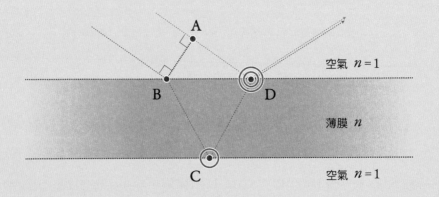

　　C點與D點都有反射，先畫 ○。D點反射是由「疏」到「密」的固
定端反射，修改為 ◎。C點是由「密」到「疏」，維持不變。◎ 總共
有一個，為奇數，所以干涉條件式要對調。

相長	$2an - b = \boxed{m\lambda + \dfrac{1}{2}\lambda}$
相消	$2an - b = \boxed{m\lambda}$

對調

我們成功列出了干涉條件式。請看相長的條件，兩邊都除以 λ 來配合答案選項的型式，如下。

$$\left(\frac{2an}{\lambda} - \frac{b}{\lambda}\right) = m + \frac{1}{2}$$

問題1 根據問題1，將 $\lambda' = \frac{\lambda}{n}$ 轉換為 $\lambda = n\lambda'$，代入 $\frac{2an}{\lambda}$ 中，得到

$$\left(\frac{2a}{\lambda'} - \frac{b}{\lambda}\right) = m + \frac{1}{2}$$

故答案為選項⑥。

問題2的解答　　⑥

附錄 **1** 全反射

我們將物體放進水中，從水面上觀察。如果眼睛高度慢慢接近水面，當降低到某一個角度時，就會突然看不見該物體了！該角度會是個明顯的分水嶺，區分能否看見水中物體。為何會有這樣的現象呢？

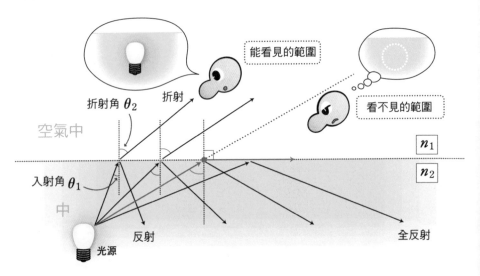

光在界面上會同時發生折射與反射。我們的眼睛會捕捉到折射進入空氣中的光線，藉此辨識水中有物體存在（圖中高於藍色虛線的範圍）。

但是隨著入射角 θ_1 愈來愈大，折射角 θ_2 也會不斷增加，增加到一個程度之後，光線就無法再折射到空氣中，而只能反射（圖中低於藍色虛線的範圍）。這種沒有折射只有反射的現象，就稱為「全反射」。

我們來求出「引發全反射的最小入射角」（稱為臨界角）。如上

圖紅線所示，當折射角大於90°，光線就無法進入空氣中。

臨界角 θ_1 可以用折射率 n_1、n_2 表示成以下的公式。

公式	$$\dfrac{\sin 90°}{\sin \theta_1} = \dfrac{n_1}{n_2}$$

附錄 ❷　$\sin \theta = \tan \theta$ 之謎

　　為什麼在角度極小的時候，$\sin\theta$ 與 $\tan\theta$ 會近似相等？下圖表示 $\sin\theta$ 與 $\tan\theta$ 的圖形。我們將原點附近 θ 極小的部分放大來看看。

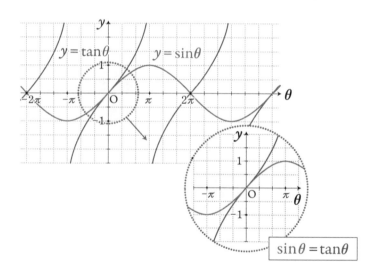

　　放大之後發現，在 θ 極小的部分中，$\sin\theta$ 與 $\tan\theta$ 的圖形發生重疊，也就是數值相等。所以在角度極小的時候，可看成 $\sin\theta = \tan\theta$。

附錄 **❸** 反射波的波函數

補課中有提到波函數的寫法。這裡讓我們用一般波函數來列出反射波的波函數。

·自由端反射的情況

首先來寫自由端反射的波函數。自由端反射是峰去峰回，相同相位的反射。以下是反射現象的另一種思維。

假設在現實世界中製造一個波，同時「牆壁裡面」也產生一個方向相反，速度相同，相位相同的波。現實世界產生的波被吸入牆壁中，牆壁裡的波則跑到現實世界來。

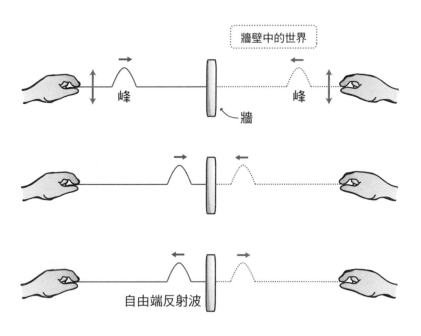

如果先用手蓋住牆壁中的世界，看起來就是自由端反射。讓我們用這種思維來列出自由端的反射波函數。請看下圖。

假設波產生的位置為原點O，畫出 x 軸。又假設原點到牆壁的距離為 L。此時的波函數可以寫成算式①

入射波函數　　　　$$y = A\sin\omega\left(t - \frac{x}{v}\right)$$　　……算式①

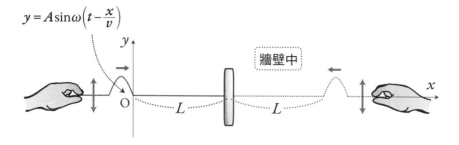

接著來看牆壁裡的反射波。假設反射波的出發位置距離原點有 $2L$，方向相反，速度相同。所以反射波函數，等於將入射波函數的出發點偏移到 $2L$ 位置。要將圖形往 x 軸右邊偏移，請將「x」替換為「$x - 2L$」。

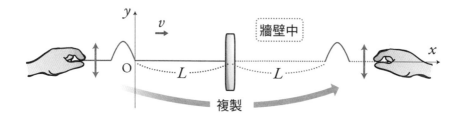

$$y = A\sin\omega\left(t - \frac{x-2L}{v}\right)$$

接著，反射波的移動方向與入射波相反。所以「v」要代入反向的「$-v$」。

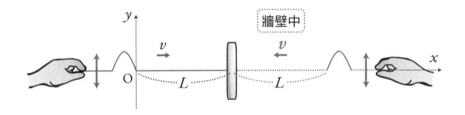

$$y = A\sin\omega\left(t - \frac{x-2L}{-v}\right)$$

整理算式得到

$$y = A\sin\omega\left(t + \frac{x-2L}{v}\right) \qquad \cdots\cdots 算式②$$

這就是自由端反射的反射波函數。

·固定端反射的情況

我們同樣使用自由端反射的鏡中世界，來探討固定端反射。固定端反射，可以看成有個與入射波相位相反的波（下圖中是入射波為「峰」，牆中的波為「谷」），與入射波同時出發。

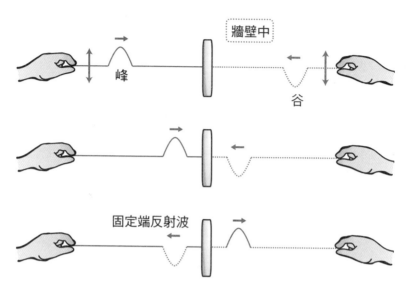

峰

牆壁中

谷

固定端反射波

接著使用自由端反射的做法，列出反射波函數。下面是入射波公式，假設入射波穿到牆壁之中。

入射波函數
$$y = A\sin\omega\left(t - \frac{x}{v}\right)$$

首先將入射波函數的出發點移動到牆壁中的世界（「x」→「$x - 2L$」），並往相反方向出發（「v」→「$-v$」）。

$$y = A\sin\omega\left(t - \frac{x - 2L}{-v}\right)$$

到這裡為止都和自由端反射相同。接著我們把反射波上下翻轉，只要整個算式加上負號，圖形就會翻轉。

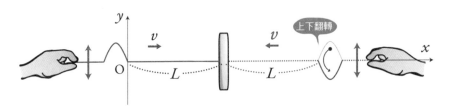

$$y = \ominus A\sin\omega\left(t - \frac{x-2L}{-v}\right)$$

這就是固定端反射的波函數。總歸來說，可以用以下三步驟來寫出反射波。

・反射波函數與駐波

　　如果不斷製造入射波，與反射波重疊，重疊位置就會產生強大振動，形成「駐波」。駐波就是入射波與反射波的重疊。因此，就會如下列式子所示，若將入射波與反射波合起來，就能表示出駐波（在自由端的情況下）。

$$y = A\sin\omega\left(t - \frac{x}{v}\right) + A\sin\omega\left(t + \frac{x - 2L}{v}\right)$$

入射波　　　　　　　反射波

如果用電腦描繪這則算式，會出現下面這樣的圖。

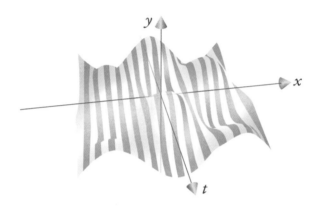

觀察此圖，得知原點介質無論在任何時刻，都紋風不動。讓我們從正側面來看看。

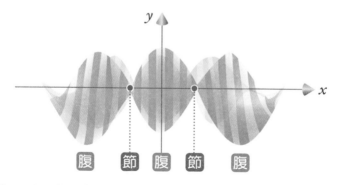

腹　節　腹　節　腹

在此，可以發現有上下激烈振動的波腹線，以及紋風不動的波節線。

附錄 ❹ 波動領域的公式

第一堂課 波的表現方式與五大性質

- 頻率與週期公式
  參考24頁

$$f = \frac{1}{T} \quad \text{或是} \quad T = \frac{1}{f}$$

- 波公式
  參考25頁

$$v = f\lambda$$

第二堂課 樂器的架構 弦·氣柱的振動

- 弦上的波傳導速度
  參考67頁

$$v = \sqrt{\frac{T}{\rho}}$$

第三堂課 救護車笛聲的秘密 都卜勒效應

- 低鳴公式
  參考118頁

$$低鳴 = f_大 - f_小$$

第四堂課 閃閃發亮 光的干涉

- 折射公式
  參考139頁

$$\frac{\sin\theta_1}{\sin\theta_2} = \frac{v_1}{v_2} = \frac{\lambda_1}{\lambda_2} = \frac{n_2}{n_1}$$

- 干涉條件式

  參考153頁　相長　$\Delta L = m\lambda$

  參考153頁　相消　$\Delta L = m\lambda + \frac{1}{2}\lambda$

① 楊氏實驗路徑差
參考163頁

$$\Delta L = \frac{dx}{L}$$

② 光柵路徑差
參考170頁

$$\Delta L = d\sin\theta$$

③ 薄膜干涉路徑差
參考176頁

$$\Delta L = 2nd\cos r$$

④ 楔形干涉路徑差
參考186頁

$$\Delta L = \frac{2Dx}{L}$$

⑤ 牛頓環路徑差
參考190頁

$$\Delta L = \frac{r^2}{R}$$

補 課 零開始 波函數寫法

• 波數公式
參考216頁

$$k = \frac{2\pi}{\lambda}$$

• 角頻率公式
參考217頁

$$\omega = \frac{2\pi}{T} \quad 或者是 \quad \omega = 2\pi f$$

• 波的基本公式
參考223頁

$$y = A \boxed{} \omega\left(t - \frac{x}{v}\right)$$

• 2π 波函數
參考227頁

$$y = A \boxed{} 2\pi\left(\frac{t}{T} - \frac{x}{\lambda}\right)$$

附錄 ❺ 物理1・2・3

第一堂課 波的表現方式與五大性質

縱波的變形1・2・3
參考33頁

①畫一顆球，標出上下兩方的箭頭

②當箭頭往上，則轉換為 x 軸的正向；若往下，則轉為 x 軸逆向

③將球移動到箭頭前端，標示「疏」「密」

第二堂課 樂器的架構　弦・氣柱的振動

駐波的1・2・3
參考69頁

①畫圖

②求出單一葉片長度（弦是一片，氣柱是0.5片）

③求出兩片葉片的長度

弦 · 氣柱的 1 · 2 · 3

參考83頁

		變化前	變化後
❶	振動狀態 λ		
❷	速度 v		
	頻率 f	⬇	⬇
❸	$v = f\lambda$		

①先畫圖，求出表格中的 λ（參考「駐波1 · 2 · 3」）

②從問題內容找出 v、f 填入表格中

　　※參考 弦的速度：$v = \sqrt{\dfrac{T}{\rho}}$、氣柱的速度：音速 V（隨溫度 t 變化）

③分別列出「變化前」與「變化後」的 $v = f\lambda$

第三堂課 救護車笛聲的秘密　都卜勒效應

都卜勒效應 1 · 2 · 3

參考109頁

①聲源畫上（👄），觀測者畫上（👂）

② 👄 對著 👂 唱出音速 V 的歌

③代入 $f' = \dfrac{👂}{👄} f_0$

光的干涉1・2・3

參考183頁

①畫圖求出路徑差ΔL

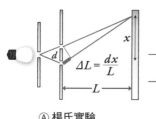

Ⓐ 楊氏實驗

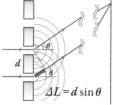

$$\Delta L = d \sin \theta$$

Ⓑ 光柵

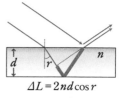

$$\Delta L = 2nd \cos r$$

Ⓒ 薄膜

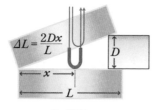

$$\Delta L = \frac{2Dx}{L}$$

Ⓓ 楔形

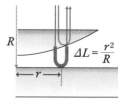

$$\Delta L = \frac{r^2}{R}$$

Ⓔ 牛頓環

②若光線進入物質中，要乘上折射率n修改為光路差

③在反射點畫○。如果碰到「疏」→「密」反射就改畫◎。
　　若◎有奇數個，條件式就對調。

相長　　　$$\Delta L = \boxed{m\lambda + \frac{1}{2}\lambda}$$

相消　　　$$\Delta L = \boxed{m\lambda}$$

對調

參考224頁

補 課 從零開始　波函數寫法

波函數1・2・3

① 確認圖為 y-x 圖，將波形稍微錯開

② 畫出原點介質的 y-t 圖

$$y = A \boxed{} \omega t \quad ※於□中填入類型$$

③ 將「t」換成「$t - \dfrac{x}{v}$」

　※往 x 軸反方向前進的波，要將「v」換成「$-v$」

測試程度與附錄 反射波的波函數

反射波1・2・3

參考258頁

①寫出入射波函數

②「x」→「$x - 2L$」，「v」→「$-v$」

③如果是固定端反射，整個算式要加上「$-$」

後記

目前，我在日本共立女子中學高中部教物理。

每天上課時，都會被問到許多問題。從簡單基礎的，到無法當場說明的都有。

在用心回答這些問題的過程中，我慢慢了解到課程的教學難處，以及比教科書更容易理解的說明方法。當然也有每年女學生們容易碰到的陷阱，以及學習瓶頸。這四年來，我將學生提出的問題，以及自己的回答整理成筆記本，如今已有二十本之多。

看著眼前煩惱的學生們，我相信全國的高中生，乃至於不擅物理的成年人，一定也有相同的煩惱。「物理123」系列，就是根據我的講課筆記編纂而成。

如果能透過本書，讓更多人心中遙不可及的「Physics」變成平易近人、輕鬆有趣的「物理」，將是我最大的喜悅。

感謝各位讀者讀完本書。如果對本書有任何感想，歡迎到我的個人網站（http://kuwako-lab.com）留下寶貴的意見。

鳴謝

在我於共立女子中學高中部教授物理的日子裡，不斷回答學生們的問題，進而誕生本書。感謝學校方面的支持。

科學書籍編輯部的石井顯一先生給了我許多建言，並為我編排修飾，以更方便讀者閱讀。統籌版面設計的近藤久博先生，為本書繪製插圖的neco，用一般物理叢書所沒有的輕鬆圖畫，增加了閱讀的方便性。而我的同事玲野一高老師，則幫助我完成最後的修飾潤稿。

本書是獲得了各位學生在內的眾人之協助，才得以出版。在此由衷感謝各位的鼎力相助。

桑子 研 Ken Kuwako

生於1981年。國‧高中物理老師。畢業於東京學藝大學,筑波大學研究所課程修畢。第一間授課學校就是女校,面對看到物理就頭大的女學生們,每天都十分苦惱。於是使用iPod製作影像教材,更開發三步驟解題法等教學法,以融入課堂之中。

在他獨特的教學之下,學生們終於不再害怕物理,並重拾自信。目前以打造新的理科教育環境為目標,並投入教職員錄用顧問、校外學習規畫、師生共同繪本製作等活動。

Kuwako-Lab.com http://kuwako-lab.com

國家圖書館出版品預行編目資料

3小時讀通基礎物理 波動篇 / 桑子研作；李漢庭
譯. -- 初版. -- 新北市：世茂, 2017.08
　　面；　公分. -- (科學視界；208)

ISBN 978-986-94805-1-2（平裝）

1.波動力學

331.312　　　　　　　106008574

科學視界 208

3小時讀通基礎物理　波動篇

作　　　者／桑子研
譯　　　者／李漢庭
審　　　訂／陳政維
主　　　編／陳文君
責任編輯／曾沛琳
出 版 者／世茂出版有限公司
地　　　址／(231)新北市新店區民生路19號5樓
電　　　話／(02)2218-3277
傳　　　真／(02)2218-3239（訂書專線）、(02)2218-7539
劃撥帳號／19911841
戶　　　名／世茂出版有限公司
世茂官網／www.coolbooks.com.tw
排版製版／辰皓國際出版製作有限公司
印　　　刷／祥新印刷股份有限公司
初版一刷／2017年8月
　　二刷／2020年2月

Ｉ Ｓ Ｂ Ｎ／978-986-94805-1-2
定　　　價／320元

請沿虛線剪下裝訂寄回，謝謝！

讀者回函卡

感謝您購買本書，為了提供您更好的服務，歡迎填妥以下資料並寄回，
我們將定期寄給您最新書訊、優惠通知及活動消息。當然您也可以E-mail：
service@coolbooks.com.tw，提供我們寶貴的建議。

您的資料（請以正楷填寫清楚）

購買書名：_____

姓名：_____　生日：_____年_____月_____日

性別：□男 □女　　E-mail：_____

住址：□□□_____縣市_____鄉鎮市區_____路街
　　　　　_____段_____巷_____弄_____號_____樓

　　　　聯絡電話：_____

職業：□傳播 □資訊 □商 □工 □軍公教 □學生 □其他：_____

學歷：□碩士以上 □大學 □專科 □高中 □國中以下

購買地點：□書店 □網路書店 □便利商店 □量販店 □其他：_____

購買此書原因：____ ____ ____ ____ ____（請按優先順序填寫）
1封面設計　2價格　3內容　4親友介紹　5廣告宣傳　6其他：_____

本書評價：____ 封面設計 1非常滿意 2滿意 3普通 4應改進
　　　　　____ 內　容 1非常滿意 2滿意 3普通 4應改進
　　　　　____ 編　輯 1非常滿意 2滿意 3普通 4應改進
　　　　　____ 校　對 1非常滿意 2滿意 3普通 4應改進
　　　　　____ 定　價 1非常滿意 2滿意 3普通 4應改進

給我們的建議：_____
_____
_____

傳真：(02) 22187539
電話：(02) 22183277

有緣相聚，終將回片

年茂故事，編織夢想

廣告回函
北區郵政管理局登記證
北台字第9702號
免貼郵票

231新北市新店區民生路19號5樓

世茂
世潮 出版有限公司 收
智富